中国海洋大学教材建设基金资助

黄渤海潮间带常见无脊椎动物及标本采制技术

马培振　曲学存　张　弛　主编

中国海洋大学出版社
CHINA OCEAN UNIVERSITY PRESS
·青岛·

图书在版编目（CIP）数据

黄渤海潮间带常见无脊椎动物及标本采制技术 / 马培振，曲学存，张弛主编．—青岛：中国海洋大学出版社，2022. 10

ISBN 978-7-5670-3237-8

Ⅰ．①黄…　Ⅱ．①马…　②曲…　③张…　Ⅲ．①黄海—潮间带—无脊椎动物门—研究　②渤海—潮间带—无脊椎动物门—研究　Ⅳ．① Q959.1

中国版本图书馆 CIP 数据核字（2022）第 224677 号

黄渤海潮间带常见无脊椎动物及标本采制技术

HUANGBOHAI CHAOJIANDAI CHANGJIAN WUJIZHUI DONGWU JI BIAOBEN CAIZHI JISHU

出版发行　中国海洋大学出版社
社　　址　青岛市香港东路 23 号　　**邮政编码**　266071
网　　址　http://pub.ouc.edu.cn
出 版 人　刘文菁
责任编辑　孙玉苗
电　　话　0532-85901040
电子信箱　94260876@qq.com
印　　制　青岛国彩印刷股份有限公司
版　　次　2022 年 12 月第 1 版
印　　次　2022 年 12 月第 1 次印刷
成品尺寸　185 mm×260 mm
印　　张　12. 25
字　　数　261 千
印　　数　1 ～ 1000
定　　价　88. 00 元
订购电话　0532-82032573（传真）

发现印装质量问题，请致电 0532-58700166，**由印刷厂负责调换。**

前　言

我国有着18 000多千米漫长而曲折的大陆海岸线，沿岸岛屿星罗棋布、洋流纵横交错。浩瀚的海洋里蕴藏着丰富的矿产资源，孕育着种类繁多、数量庞大的海洋生物。

科学的进步和生产的发展，推动着人类去认识和研究海洋，并进一步去探索和开发利用海洋资源。对海洋规律的认识，反过来又会促进生产的发展。对祖国海域里的矿藏和生物资源的调查、开发、利用，已经引起各有关单位的重视。

结合教学、科学研究工作，在理论与实践相结合、全面提高教学质量的方针指导下，丰富主观经验、增强感性认识的直观教学方法成为必然之势，具有特殊意义。但是，初到海滨进行调查工作的人，由于对当地海洋环境不够熟悉，对各种生物的生活习性和地理分布没有掌握，或对标本的采集、麻醉处理、制作等方法的使用缺乏经验，往往收获不大，研究效果不甚理想。

为使该项工作顺利进行，在中国海洋大学水产学院有关领导和专家的大力支持下，以曲学存高级实验师多年来的工作和教学经验为基础，结合作者团队的科研和实践成果，并参阅部分专家的相关论著，曲学存高级实验师和马培振博士、张弛博士合作编写了《黄渤海潮间带常见无脊椎动物及标本采制技术》一书。书中附有黄渤海潮间带常见无脊椎动物的图照，这使得本书图文并茂。本书适用于到海滨进行有关调查研究的人，包括进行教学、生产实习的生物学、水产学等学科的高校师生及中小学师生。本书的出版将为相关单位海滨教学实习和无脊椎动物标本采集、制作等工作的开展提供有效参考。

中国海洋大学水产学院李琪教授和温海深教授对本书的撰写给予了大力支持，孙世春教授和曾晓起教授对本书进行了审阅指正。本书的编排和修订得到中国海洋大学出版社魏建功编审和孙玉苗编辑的大量帮助。在此特向所有支持和指导我们编写工作的专家致以衷心的谢意！

由于这项工作涉及的生物门类比较广泛，限于作者水平，书中不足之处在所难免，敬请读者批评指正。

目　录

海洋篇

生物篇

方法篇

海洋篇

海洋是生命的摇篮。浩瀚而神秘的海洋，有待人类进一步去认识、去探索、去开发。而对海洋的开发，则依赖于对海洋特征和运动规律的研究。只有对海洋有概念性和常识性的了解，才能顺利地开展各项海洋调查与研究工作。

一、海与洋

地球总表面积约为5.1亿平方千米，其中大约71%为海水所覆盖，29%为陆地，即“三分陆地，七分海洋”。海洋将陆地包围、分割，形成当前海陆分布特征。

地球上的海水相互连通，构成统一的世界海洋。根据海洋要素特点及形态特征，可将其分为主体部分和附属部分。主体部分为洋，或称大洋，面积广阔，占海洋总面积90%以上，一般远离大陆。附属部分为海、海峡和海湾，面积比大洋小很多。

根据地理位置及海水特征，世界大洋通常被分为四大部分，即太平洋、印度洋、大西洋和北冰洋。太平洋面积最大，东部以德雷克海峡与大西洋相接，二者大致以通过南美洲南端合恩角的西经67°16′ 线为界；西部与印度洋以从亚洲马六甲海峡北口，沿苏门答腊岛西海岸、爪哇岛南海岸、澳大利亚东海岸至南极大陆一线为界，通过塔斯马尼亚岛东南角的东经146°51′ 线可看作二者大致的界线；北部以白令海峡与北冰洋相接。印度洋与大西洋的界线为经过非洲大陆南端的厄加勒斯角至南极大陆的东经20°线。大西洋与北冰洋的界线是斯堪的纳维亚半岛的诺尔辰角经冰岛、丹麦海峡至格陵兰岛南段的连线。北冰洋是世界上面积最小、最浅、最寒冷的大洋。

海是海洋的边缘部分，平均水深一般浅于2 000 m。根据所处位置，海又可分为陆间海、内海和边缘海。陆间海指位于大陆之间的海，面积较大，如加勒比海和地中海。内海是深入大陆内部的海，面积较小，如渤海和波罗的海。边缘海位于大陆边缘，与大洋水流交换畅通，如我国的东海、黄海、南海。而位于亚洲和欧洲交界处的里海，虽名中含“海”，但实为内陆湖泊。

海湾是指海或洋延伸进大陆而深度减小的水域，其海水与毗邻的海或洋自由沟通，如我国的杭州湾、北部湾、莱州湾。根据分类特征，波斯湾、墨西哥湾等虽名为“湾”，实则为海；而阿拉伯海实则为湾。

海峡为两块陆地之间连接两侧海洋的狭窄水道，如直布罗陀海峡、马六甲海峡、渤海海峡等。海峡处海流较急，水文状况复杂。

二、海底地貌

海底并不像人们通常所想象的那样平坦。事实上，海底同陆地表面一样，有高山，有深沟，有平原，也有丘陵。海底大致可分为海岸带、大陆边缘和大洋底3部分（图1-1）。

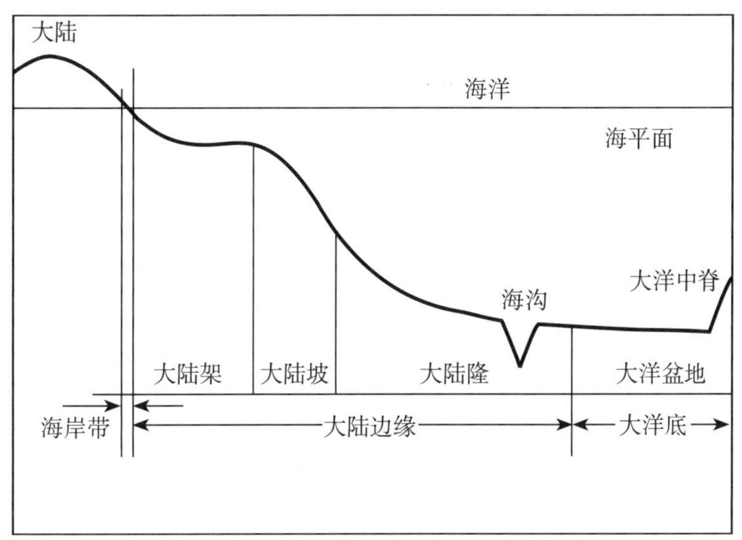

图1-1　海底组成

1. 海岸带

海岸带又称滨海带，是海陆之间相互作用的地带，即受潮汐涨落影响的潮间带及其两侧一定范围的海陆过渡地带，由海岸、潮间带和水下岸坡3个基本单元组成。海岸带上限为现代海水能够作用到陆地的最远界，下限为波浪作用影响海底的最深界。根据底质类型的差异，海岸带可分为基岩海岸带（图1-2和图1-3）、粉砂淤泥质海岸带（图1-4）、砂质海岸带（图1-5和图1-6）等。生物的栖息具有选择性和适应性，因而不同种类的生物生活在不同底质的环境中。

图1-2　岩礁底（青岛太平角）

图1-3　岩礁底（即墨鳌山卫）

图1-4 泥底（海阳麻姑岛）

图1-5 泥沙底（日照小海）

图1-6　沙底（东营港北侧）

海岸：平均高潮线以上的海岸带部分，通常称为潮上带。海水在正常潮汐作用下不能到达这一区域，但是在大潮或风暴潮时，海水可以淹没。海岸区域沉积物主要是细粒物质和一些生物碎屑，如藻类、有孔虫、软体动物等，同时分布有盐生植物和昆虫。

潮间带：介于平均高潮线与平均低潮线之间。由于受潮汐周期性的影响，潮间带各种环境因子变化急骤，使生物的铅直分布受到了一定的限制。例如，生活在较高潮位的生物，必须能适应温度的变化和退潮后环境的干燥，甚至生物体失水；而生活在较低潮位的生物，则必须能相应地耐受较长时间的海水淹没。因此，生物所生活的不同潮带与其适应能力是有着密切关系的，其分布十分严格，每一种生物都有一定的铅直分布范围。

目前，潮间带划带方法有两种。一种是以生物分布特点作为划带方法，即潮间带划分为高潮区、中潮区和低潮区3个潮区。高潮区上限为滨螺分布的上限或是海岸陆生地衣或种子植物分布的下限。大潮高潮时，至少高潮区的下部会被海水淹没，全年中有大量的滨螺和海蟑螂分布。中潮区上限是藤壶分布的上限，下限是大型褐藻昆布类分布的上限。中潮区是典型的受潮汐影响的潮区。低潮区上限是昆布类分布的上限，下限是大潮低潮线。低潮区只在大潮低潮时才露出水面。另一种潮间带划带的方法依据的是大、小潮潮水涨落不同的平均水位，又叫瓦扬原则。

退潮后，潮间带留有的小水池称为潮池（图1-7）。潮池的生物必须具有忍受温度、溶氧量等环境因素剧烈变化的能力。

图1-7　潮池

水下岸坡：位于平均低潮线以下至波浪作用所能到达的浅水部分，一般称潮下带，通常水深10~20 m。此区域水浅、阳光和氧气充足、波浪作用频繁，从陆地带来丰富的养料，因此海洋底栖生物种类、数量均十分可观。

2. 大陆边缘

(1) 大陆架

大陆架又称大陆棚或大陆浅滩。大陆的周围被海水淹没的浅水地带，缓缓地向海中延伸到约200米深处，好像大陆在海中的边架，故称为大陆架。在过去的冰川期，由于海平面下降，大陆架常常露出海面成为陆地或陆桥；在间冰期，冰川消融，这一地区则被上升的海水淹没，成为浅海。

大陆架海域是海洋中资源最丰富的地方，光线能透过浅浅的水层照射到海底。江河把大陆上丰富的有机物源源不断地输送到大陆架海域，使这里的海水变得异常肥沃，成为海洋植物和海洋动物生长发育的良好场所。因此，世界上的海洋渔场大部分分布在大陆架海域，最为著名的有日本的北海道渔场、英国的北海渔场、加拿大的纽芬兰渔场和秘鲁的秘鲁渔场，它们被称为“世界四大渔场”。大陆架海域还有大量矿产资源，已发现的有石油、煤、天然气、铜、铁等20多种，其中大陆架海域石油储量约占整个地球石油储量的1/3。

(2) 大陆坡

大陆坡介于大陆架和大陆隆之间，是陆壳与洋壳的过渡带。从大陆架往深处去，地势突然变陡，水深也急增到2 000~3 000 m，成为较陡的巨大斜坡，这一区域即为大陆坡。大陆坡底部有许多两壁陡峭、横截面呈V形的巨大海底峡谷。大陆坡海域水较深，阳光无法穿透，因此海底是黑暗的。大陆上江河的物质也很少流到这片海域。所以，植物已不可能生长，动物的种类和数量也很少。

(3) 大陆隆

大陆隆又叫大陆基或大陆裙，是大陆坡向洋底平缓延伸的扇状堆积体。

大陆隆由沉积物堆积而成，富含有机物，因此是潜在的油气资源区。

(4) 海沟

一般地说，离大陆越远，海洋越深，但海洋最深的部分不在大洋的中心，而在大洋的边缘靠近陆地处，这就是海沟。海沟两壁较陡，形状狭长，水深一般超过6 000 m，被认为是现代板块俯冲作用形成的。世界上最深的地方是位于太平洋马里亚纳海沟南端的挑战者深渊。其已知深度为11 034 m，由"维迪亚兹"船于1957年测得。

3. 大洋底

大洋底位于大陆边缘之间，是大洋的主体，包括大洋盆地和大洋中脊。

从大陆隆再往深处去，地形起伏较小，是广阔的深海海底，水深在4 000~6 000 m，占海洋总面积的45%以上，这片区域称为大洋盆地。在大洋盆地底部，生物的尸体、火山灰尘等物质在强大压力下经过化学作用变成红黏土（褐黏土）。在深海海底，仍然有动物存在，但因条件极端，动物的生活方式和身体结构与我们平时见到的生物有很大的区别。

大洋盆地之间连续的巨大海底山脉叫作大洋中脊，又称中央海岭。大洋中脊贯穿世界四大洋，成因相同，特征相似。脊部通常高出两侧大洋盆地底部1~3 km，脊顶水深多为2~3 km，少数山峰露出海面，形成岛屿。

三、潮汐

狭义上，潮汐是海水不停的、有规律性和周期性的升降（涨落）运动现象，由太阳、月球对地球吸引产生。白天涨的潮叫潮，晚上涨的潮叫汐。广义上，由于太阳、月球引潮力的作用，地球的岩石圈、水圈和大气圈中分别产生的周期性的运动总称潮汐。因此，狭义上的潮汐指海潮。本书介绍的潮汐指海潮。

潮汐与工农业建设（发电、渔业捕捞）、国防军事（舰船停靠、航行安全）、海滨采集调查等工作都有着密切的关系。了解潮汐发生的规律，掌握和学会潮时的估算方法，对采集实习工作的进行会更加便利。

1. 潮汐的形成

在不考虑其他星球微弱作用的情况下，潮汐是在太阳和月球的引潮力的作用下而产生的。因月球距离地球较太阳略近，所以月球的引潮力是产生潮汐的主要力量。又因以月球为参考点所度量的地球自转一周的时间要比以太阳为参考点所度量地球自转一周的时间（24小时，太阳日）多48分钟（0.8时）左右，即24小时48分钟（称为一个太阴日），所以潮汐一般每天推迟48分钟左右。

潮时是指潮涨到最高（高潮时）或落到最低（低潮时）的时间。潮位是指潮水涨或落所达到的水位（通常以米计算）。

沿海各地海底地形、海水深浅均有不同，陆地边缘凹凸不平，这些都影响着潮汐的规律，致使各地潮水涨落的时间和达到的水位也不尽相同。

2. 潮汐的分类

（1）半日潮、全日潮和混合潮

潮汐根据周期的不同，分为以下3类。

半日潮：1个太阴日潮水涨落各2次，涨潮过程和落潮过程的时间也几乎相等。我国黄海、东海沿岸多数港口，如上海、青岛、厦门等地比较典型，潮水每12小时24分钟涨落1次。

全日潮：1个太阴日潮水只涨落1次，即每24小时48分钟涨落1次，如我国河北秦皇岛、广西北海、海南岛西部沿岸。

混合潮：1个太阴日有时涨落2次，有时1次，如我国南海多数沿岸地区。

（2）高潮时与低潮时

潮水的涨落是受天体运行和引潮力作用而产生的海水规律性运动现象。那么，当潮水上涨到一定限度，而不能再涨高时就是高潮时。相反，当潮水落到一定限度，而不能再落低时就是低潮时。

（3）朔潮与望潮

当太阳、月球和地球三者相对位置不同时，潮水涨落的高低也随之不同，而三者差不多在一条线上的时候，潮涨得最高，落得也最低。农历的月初（初一至初五），太阳、月球在地球的同侧，它们对地球的吸引力叠加，引潮力大，所以潮水涨落大，称为朔（朔日为农历初一）潮。农历月半（十五，望日）时，太阳、月球在地球两旁，同样也会使潮水发生大涨大落，这时称为望潮。事实上，很多地方受海底地形、海岸轮廓等因素影响，发生大潮的日期并不在朔日和望日，常推迟2~3天。当太阳、月球转到位置互相垂直的时候，即农历初七八（上弦）及二十二三（下弦）时，潮水涨落最小，这是因为太阳、月球所引起的引潮力相互垂直，两潮抵消很多的缘故。

3. 潮汐的计算

我国各地沿海渔民通过长期生产劳动，从实践中积累和总结出了当地潮汐时间与规律。以青岛为例，有关青岛地区潮汐大小方面的丰富经验，归纳成一句谚语：“春落头，秋落尾，五和六月落到黑。"意思是说，春季早上潮退落得低，秋季下午潮退落得低，而夏季是夜晚潮退落得低。

青岛沿海潮汐基本属半日潮类型，但略带有全日潮性质，加上青岛的地理形势及所处的位置关系（北纬36°05′，东经120°19′），一年四季高潮潮位变化不大，而某一季节低潮潮位日夜相差却较大。在其他地区，如松花江口的大鹿岛，上述现象则恰恰相反。月球绕地球、地球绕太阳公转的轨道呈椭圆形，加之各海域纬度有异，因此各地引潮力大小不同。同时，太阳、月球与地球距离又有月周期及年周期变化，还有月中天时刻在时间上的推移、波浪推动叠加等因素影响，在青岛沿海就出现了夏季白日潮位较高（潮间带露出面积较小）、夜晚潮位较低（潮间带露出面积较大）的现象。由于夏季白日的潮位高而夜晚能见范围太小，所以在青岛沿海夏季白天能观察和采集到的动物种类和数量相较其他季节少得多。

八分算潮法是推算潮汐时间的常用方法。其基本原理是太阴潮计算法，即太阴半日周期分潮的计算法。太阴半日周期分潮逐日潮时是完全跟着月球运行规律而变化的。在半月周期内，每日的高、低潮时随月球运行的每日中天时刻而变化，每日延迟0.8时（即每日延迟48分钟）。

我国古时称0.8时为八分时，因此对每日延迟0.8时的潮汐算法称为八分（时）算潮法。另外，八分算潮法的半月潮时表是以半个农历月（15天）为一个周期，在一个周期内，朔日的4个潮时（即2个高潮时和2个低潮时）和望日的4个潮时相距15天，共相差12时整（用12时除以15天即可得每日差0.8时），即各潮时在15天周期变化上逐日延迟0.8时。此结果仅为平均值，因为从天文年历上查看到的某日上中天时（或下中天时）与次日的上中天时（或下中天时）相距时刻不定，一般是41～60分钟，且其他因素条件也会出现时间差。具体到各个港口则又可分为：

子午潮港：高潮间隙常数接近0时或12时的海港。如厦门港（高潮间隙为0点2分），只需知道阴历日期，即可按日迟0.8时规律计算每日的潮时。

卯寅潮港：高潮间隙常数不接近0时或12时的海港。应用时所需条件是，除阴历日期和日迟0.8时外，还应加上高潮或低潮间隙常数。

海潮港：如威海港、石岛港，因无河流流入，其潮汐性质完全是海潮性质，其显著处是涨潮与落潮的时间完全或者几乎完全相等。因涨潮或落潮间隙均为或者接近6时12分，所以海潮港潮汛资料只记载高潮间隙，不载明低潮间隙。

江潮港：如上海港、青岛港，因都有江河流入，涨潮时间减少，落潮时间拖长。江潮港因涨落潮时间不相等，且各处不一，故低潮到高潮或者高潮到低潮间隙也就不能用加或减来计算，而应查看海图或潮汐表，以防误差。一次高潮时（或低潮时）与下一次高潮时（或低潮时）相差12时24分。

八分算潮法只算潮时，不计潮高。如要计算潮高，则还需知道该港口的潮高常数与大潮升、小潮升、平均海面等数据。八分算潮法在规则的半日潮港应用较准确；在不规则半日潮港稍有误差；在全日潮港不能用，误差很大。例如，八分算潮法在渤海（秦皇岛例外）、黄海、东海都适用，在南海则不太适用。具体推算潮汐时间的简单方法如下：

高潮时=［农历日期−1（或16）］×0.8时+高潮间隙

低潮时=［农历日期−1（或16）］×0.8时+低潮间隙

注：上半月减1，下半月减16。

根据海图和潮汐表可知，青岛港初一的高潮间隙为4时46分，低潮间隙为11时13分。例如想算出青岛初六高潮时，可以得出（6−1）×0.8时+4时46分=8时46分。

青岛属半日潮型港口，即一个太阴日出现2次涨潮和落潮，因此某次高（或低）潮到下一次高（或低）潮间隔12时24分。故在以上例子中，可以算出下次高潮时为8时46分+12时24分=21时10分，即

高潮时+12时24分=另一高潮时

低潮时+12时24分=另一低潮时

超过24小时以上者，应为次日潮时。因此，青岛港农历初二只有3个潮时。

4. 潮汐的查询

根据经验数据及计算结果，全国各沿海城市均编制发行有潮汐表，详细记录了每日最低潮和最高潮的潮时和潮高，结果极为精确，误差甚小，使用较为方便。中国海事服务网公布有国家海洋信息中心监测的沿海大型港口或城市的潮汐表，数据较为权威。此外，其他一些网站或软件，如船讯网、全球潮汐，亦有潮汐查询功能，极大地方便了人们的使用。

四、海水

1. 颜色

海水是半透明的介质。人们常常说“蓝色的海洋”，这是为什么呢？事实上，这和太阳光的照射有关。

太阳光投射到海面上，一部分被海面反射掉，另一部分折射进入海水中，被海水

吸收和散射。众所周知，太阳光是由红、橙、黄、绿、蓝、靛、紫等可见光及红外线、紫外线等组成。海水对不同波长的光波吸收的程度不同。红光波长较长，穿透能力差，最容易被海水和海洋生物吸收；而蓝光则波长较短，不易被吸收，而被海水反射。所以，海水多呈蔚蓝色（图1-8）。

图1-8　海水颜色

图1-9　黄河三角洲黄绿色海水

海洋的水色受理化条件等因素的影响而有所变化，同时和光照强度、透明度也有关系。几米乃至200 m水深的浅海海水混浊。江河携带大量泥沙和有机物进入近海，浅海生物繁盛，而且浅海海水运动十分活跃，就像一台巨大的搅拌器，把沉积物搅了起来，再加上风、雨、雾等因素，所以浅海海水的透明度小。例如，黄河携带大量泥沙，使黄河口区域的海水呈黄绿色（图1-9）；印度洋西北部、亚非大陆间有片海名为红海，是因为那里有大量红色、褐色海藻繁殖，造成海水呈微红色；白海是北冰洋的边缘海，因为终年白雪茫茫而呈现一片白色。

太阳光光照强度随着海水水深的增加而递减，决定着海水温度的分布和变化，对海洋生物的繁殖、分布有着重要影响。植物吸收光能，进行光合作用，太阳光中被某藻类利用最多的是与该藻类不同颜色的某些光波波段。绿藻利用红光和部分紫光，褐藻利用部分橙光、黄光，红藻利用黄光和部分绿光。通过1 m水层，红光要比绿光减弱10多倍，黄光、绿光可透射较深海底。因此，绿藻生活的水域较浅，红藻可生活在水深100~200 m的海底。水越深，则植物越少，这和光照直接有关。

2. 成分

海水是一种复杂而又相当均匀的混合溶液。地球上的一切元素，海洋里几乎都有。海水里除了溶解的盐类还有颗粒状物质、溶解气体和多种有机物质。目前已经分析和鉴定出来的化学元素有90多种，除氢、氧外，主要的有氯、钠、硫、镁、钙、钾、铁等11种，而以氯、钠、镁最多，占80%以上，所以海水的味道既苦又咸又涩。海洋生物的繁殖生长必须有氧、二氧化碳、钙、硫、氮、磷、硅等物质，它们含量的多少对海洋生物的繁殖生长有直接影响。

海水里藏有无数宝藏。经分析化验，每千吨海水里有30 t食盐、4 t芒硝、3 t氢氧化镁、约0.5 t钾、65 kg溴、170 g锂、3 g铀。海水淡化综合利用可建造溴厂、镁厂、钾肥厂、氨碱厂、盐厂、铀厂等。

海洋受天体运行、大气环流、地壳运动以及生物等因素综合作用，形成多种类型的生态环境，直接影响海洋生物的生长和分布。

生 物 篇

“老铁山头入海深，黄海渤海自此分。西去急流如云涌，南来薄雾应风生。”这首诗描写了黄海和渤海自然分界处的壮观景象。

黄渤海跨温带和亚热带，主要海流有黄海暖流、黄海沿岸流和渤海沿岸流。在海洋生物区系区划上，黄渤海的海洋动物属于北太平洋温带区的远东亚区，以暖温带种类为主。受季风影响，黄渤海的水温有十分剧烈的季节变化，限制了许多种类动物的生存和繁衍，因此海洋动物种类较之东海、南海贫乏，多为起源于热带的广温性暖水种。

一、生态类群

无脊椎动物是背侧没有脊柱的动物。无脊椎动物种类数占目前已知动物种类数的95%以上，包括多孔动物、刺胞动物、扁形动物、纽形动物、毛颚动物、环节动物、软体动物、节肢动物等。无脊椎动物是潮间带区域最容易获取的生物，在退潮后的滩涂即可获得，潮间带无脊椎动物根据生活方式的不同，可相对地分为3个生态类群。

1. 浮游动物

浮游动物包括浮游的刺胞动物、软体动物（翼足类和异足类）、甲壳动物、毛颚动物、被囊动物以及其他动物门类中的个别浮游种类和浮游幼虫。大部分浮游动物是营浮游生活的，即过着随波逐流的生活，仅部分种类具有微弱的自主活动能力。还有一小部分海洋动物只在生活史中某一阶段营浮游生活，如双壳贝类的浮游幼虫阶段。

浮游动物的生态意义十分重要。浮游动物和鱼类的关系非常密切，通常是鱼类较好的饵料生物。因此，可以根据鱼类对特定浮游动物种类的选择性喜食特点，以浮游动物的分布情况来判断鱼群集中的位置，去发现渔场。而这些饵料生物的丰度，对鱼类的生长有着很大的影响。另外，根据个别种类的水母，如僧帽水母*Physalia physalis*、帆水母*Velella velella*、银币水母*Porpita porpita*的数量和分布情况，可以推测暖流的方向和强弱；根据一种法蛾*Themisto libellula*的出现情况又可判断寒流等。

黄渤海沿岸常见的浮游动物种类和数量都较多。如双壳贝类的浮游幼虫需借助显微镜才能看清楚其形态构造。而刺胞动物中的水母类则用肉眼即可看到，伞径从数毫米到2 m多，每年6–9月份大量出现于内港海面，如青色多管水母*Aequorea coerulescens*、十字佐氏水母*Calvadosia cruciformis*、海月水母*Aurelia aurita*、半球美螅水母*Clytia hemisphaerica*、瘤手水母*Tima formosa*、嵊山秀氏水母*Sugiura chengshanense*、掌状风球水母*Hormiphora palmata*、海蜇*Rhopilema esculentum*、白色霞水母*Cyanea nozakii*等。水母类多在天气晴朗、风平浪静，以及高潮回潮时、即将满潮的情况下出现，多浮游于水面。另外常见到的浮游动物还有以下几类：软体动物翼足类Pteropoda；节肢动物异足类Tanaidacea、桡足类Copepoda（如太平洋哲水蚤

Calanus pacificus、小刺哲水蚤*Paracalanus parvus parus*、瘦尾胸刺水蚤*Centropages tenuiremis*、精致真刺水蚤*Euchaeta concinna*）、磷虾类（如太平洋磷虾*Euphausia pacifica*）、端足类（如细足法𧊕*Themisto compressa*）；毛颚动物中的强壮滨箭虫*Aidanosagitta crassa*；被囊动物中的海樽；一些动物的幼虫，如多毛类的幼虫、桡足类和蔓足类的六肢幼虫、口虾蛄*Oratosquilla oratoria*的幼虫、蟹类溞状幼体、贝类的担轮幼虫和面盘幼虫、帚虫的辐轮幼虫，以及海星的羽腕幼虫、海蛇尾和海胆的长腕幼虫、海参的耳状幼虫、海百合的樽形幼虫。

2. 底栖动物

底栖动物指生活在水域基底表面或底内的动物。根据体形的大小，底栖动物可分为大型、小型和微型底栖生物。大型底栖动物是指不能通过0.5 mm孔径网筛的动物种类，如涡虫、线虫、动吻类、腹毛虫、介形类、桡足类、埋栖型多毛类和贝类等。小型底栖动物指能通过0.5 mm孔径网筛，但不能通过0.042 mm孔径网筛的动物种类。微型底栖动物主要是原生动物。

大型底栖动物的生活方式比较复杂，一般认为可分为底内动物、底上动物两大生态类型。

（1）底内动物

底内动物多生活在泥底、沙滩或岩礁中，其栖息场所大致可分为3类：栖息在管内的种类，栖管形状多样，有竖直状、U形、不规则弯曲状、螺旋状或W形；栖息在洞穴内的种类，洞穴可呈U形、竖直状、倾斜状、Y形、不规则弯曲状或多穴道等；有的种类可自由潜入或钻入底内，埋藏于不同的底质，而又能活动于底上，或者能钻孔（凿石或钻木）等。

（2）底上动物

底上动物泛指生活在海底岩石或泥滩、沙滩、泥沙滩表面的种类，其生活方式常有以下5种：营固着（定生）生活，如固着在岩礁上、石块上下、码头护木上、趸船（活动码头）两旁或船底、贝壳及其他物体等处；营附着生活，如附着于岩礁或石块上下的；营蠕动或爬行生活，多隐蔽于海藻丛中或石块下；营共栖、共生生活；寄生于其他动物体表或体内生活。

3. 游泳动物

游泳动物指具有发达的运动器官，在水层中能克服水流阻力自由游动的动物。许多海洋动物能在海洋上层、中层或下层水域里游泳活动。例如，游泳型的沙蚕经常在水表活动；软体动物中的头足类可快速潜游于中、下层水域；节肢动物中的大型虾、蟹有时游动于上层水域；而种类繁多的鱼类、海兽类则分别游动于不同层次水域里。这些动物生活在不同水域环境中。我们可采用不同技术手段，如使用专用网具去捕捞。

有的游泳动物可遇而不可求，有些食用价值较大的种类在渔港码头或农贸集市海鲜货摊上可以买到。

二、多孔动物门 Porifera

多孔动物是原始的多细胞动物，固着生活，多为海产。身体不对称或辐射对称。体壁由两层细胞组成，两层之间有中胶层。体壁围绕一中央腔。体壁上有无数的小孔或通道，与外界和中央腔相通，所以多孔动物门又被称为海绵动物门（Spongia）。

（1）**戴冠碗海绵** *Sycon ciliatum*（Fabricius，1780）

戴冠碗海绵属钙质海绵纲白枝海绵目樽海绵科，个体较小，高7~10 mm，直径2~3 mm，状似古花瓶，淡黄色。体前端出水口周围有一簇白色骨针，骨针形状不规则。戴冠碗海绵固着生活于岩礁岸近低潮线水洼中的石块反面、扇贝养殖笼底部、码头护木上等。（图2–1和图2–2）

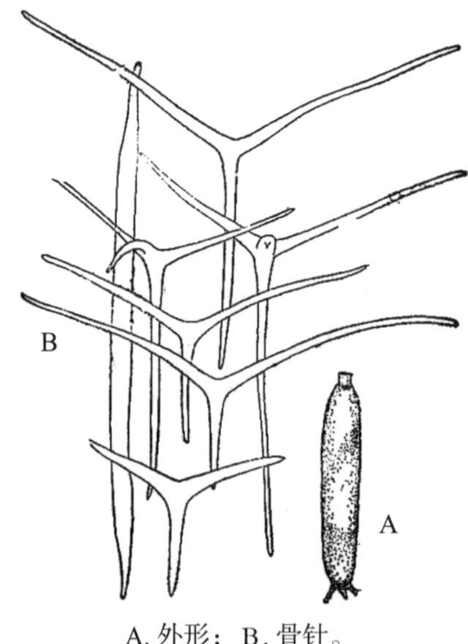

A. 外形； B. 骨针。

图2–1 戴冠碗海绵

图2-2　戴冠碗海绵（来源：Jérôme Mallefet， WoRMS）

（2）日本毛壶 *Grantia nipponica* Hôzawa，1918

日本毛壶隶属于钙质海绵纲白枝海绵目毛壶科。个体呈手指状，顶端无骨针。体淡黄色或乳白色，体长2～7 cm。日本毛壶固着生活于码头护木、趸船边或船底，在扇贝养殖笼底或盖上常可发现。个体较戴冠碗海绵大，易于发现。（图2-3）

（3）面包软海绵 *Halichondria panicea*（Pallas，1766）

面包软海绵隶属于寻常海绵纲皮海绵目软海绵科，为群体，丛生，呈山形，橘红色或淡黄色。面包软海绵固着于潮下带岩礁上或趸船的（活动码头）两侧。（图2-4）

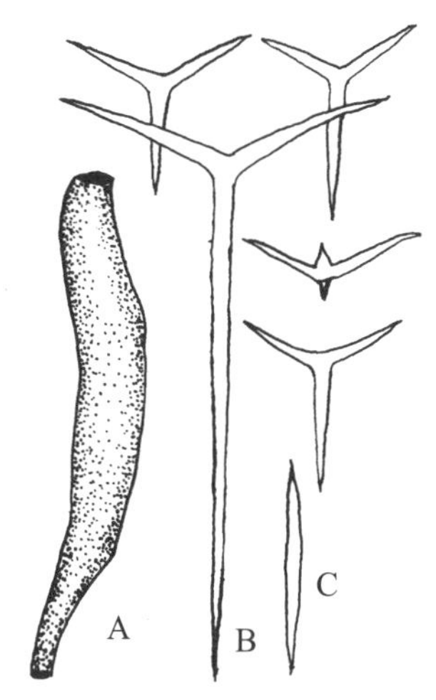

A. 外形；B. 三射骨针；C. 二尖骨针。

图2-3　日本毛壶

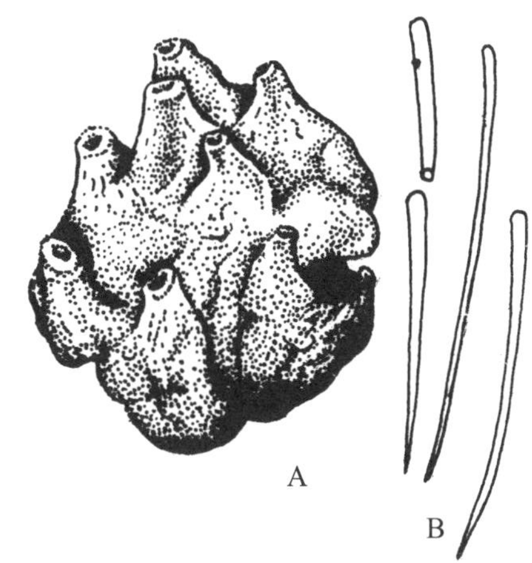

A. 外形；B. 二尖骨针。

图2-4　面包软海绵

(4) **宽皮海绵** *Suberites latus* Lambe, 1893

宽皮海绵属寻常海绵纲皮海绵目皮海绵科，曾被误认为寄居蟹皮海绵，其常呈不规则的握拳状，多为灰黄色，带绿色或红紫色。体表平坦，软硬适中，似橡皮擦。宽皮海绵生活在数十米深海底。它因无经济价值，捕获后常被丢弃，仅有极少数夹杂在渔获物中，因而其标本极其珍贵。(图2-5)

(5) **无花果皮海绵** *Suberites ficus* (Johnston, 1842)

无花果皮海绵属寻常海绵纲皮海绵目皮海绵科，曾被称为海姜皮海绵。体坚韧，似食用的生姜，略侧扁；为青灰色，有的略带橙红色。无花果皮海绵固着生活于数十米深的海底软泥内。它被渔民称为"海姜"，但无食用价值。(图2-6)

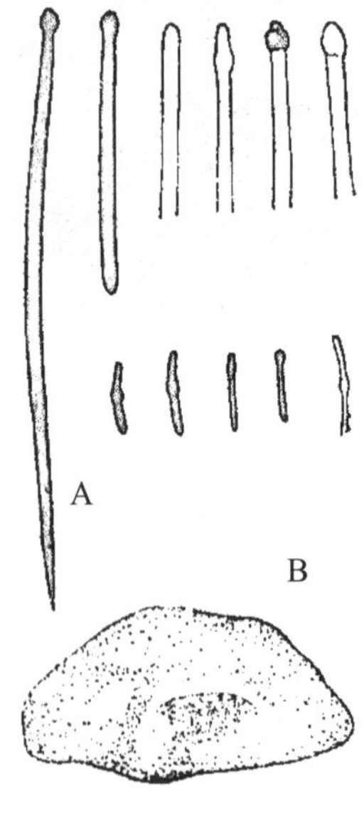

A. 骨针；B. 外形。

图2-5　宽皮海绵

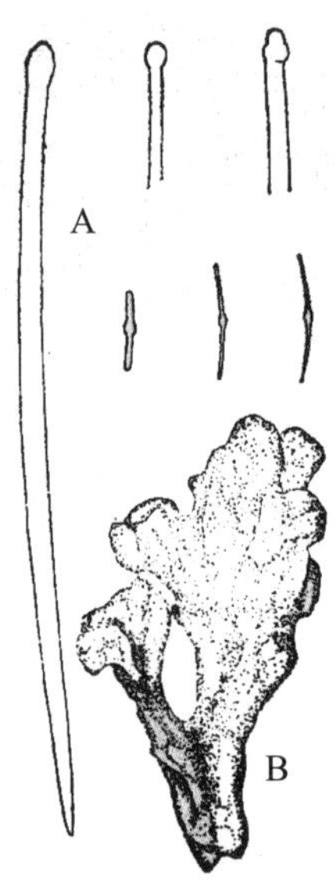

A. 骨针；B. 外形。

图2-6　无花果皮海绵

三、刺胞动物门 Cnidaria

刺胞动物又称腔肠动物（腔肠动物门Coelenterata），身体通常呈辐射对称或两辐射对称，有两种基本的体形，即适于在水底附着的水螅体和适于在水层中浮游的水母体。绝大多数刺胞动物是海产，且分布很广，几乎整个海洋和各种深度都有它们的踪迹。

1. 水螅

海产水螅类动物多是群体，呈枝条状聚居，外形上看会被误认为是植物。它们都固着生活于近海养殖设施底部和港湾内趸船两侧、船底、码头护木等处。

常见品种有双齿薮枝螅*Obelia bidentata* Clark, 1875，海外肋水螅［*Ectopleura marina*（Torrey, 1902），俗称海筒螅、宽海肋水螅］，细管真枝螅*Eudendrium capillare* Alder, 1856，同形桧叶螅*Sertularia similis* Clark, 1877，粗棍螅*Coryne crassa* Fraser, 1914，毛状羽螅［*Plumularia setacea*（Linnaeus, 1758）］等。其中，薮枝螅4—5月、8月及11月会排放出水母体（其生活史经历水螅型和水母型世代交替）；其水母体圆伞形，四周有触手（极小，须在镜下观察）。海外肋水螅冠部围口及其基部的触手，7月底会自动脱落（掉头），只留下一杆状体。（图2-7至图2-10）

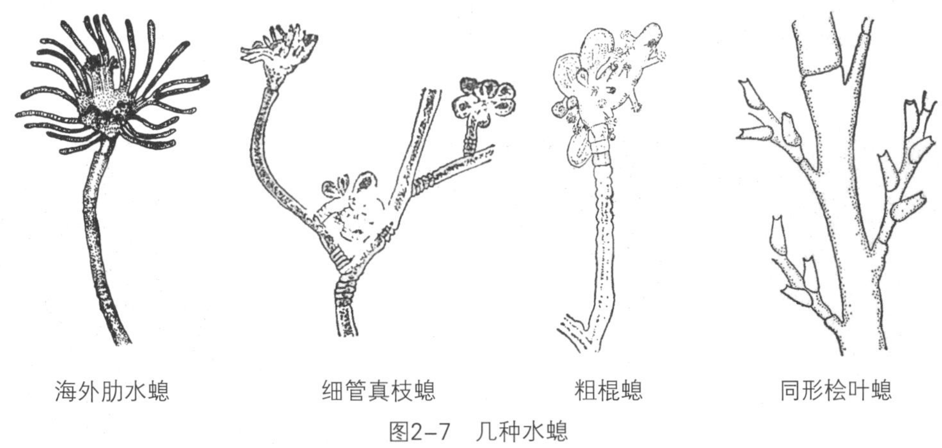

图2-7　几种水螅

图2-8　双齿薮枝螅（来源：Jonas Mortelmans，WoRMS）

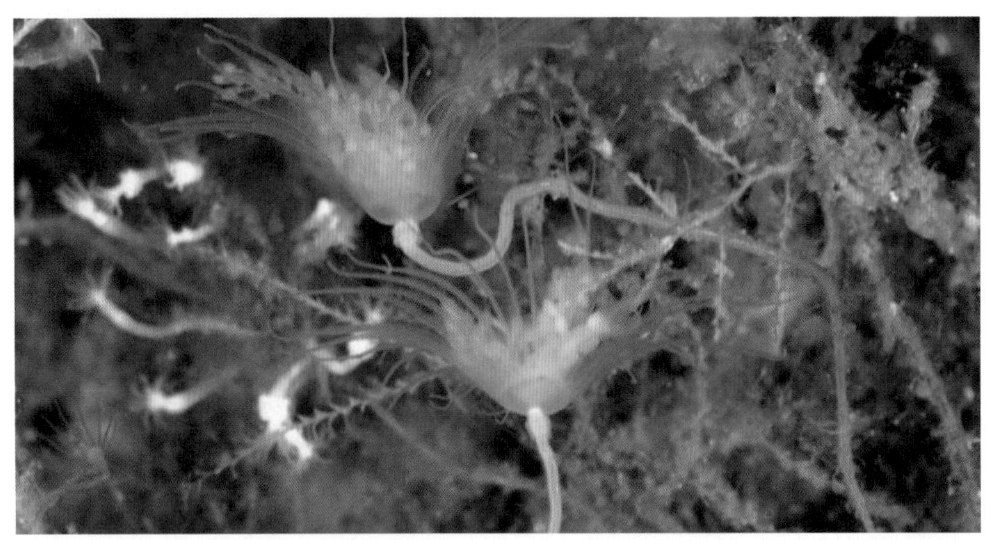

图2-9　海外肋水螅（来源：Neil McDaniel，WoRMS）

图2-10　毛状羽螅（来源：Bernard Picton， WoRMS）

2. 水母

水母类动物绝大多数营浮游生活，游动能力不强。这类动物肉眼可见，个体大小不一；形状基本是伞形，伞径从几毫米到2米多；质量从几克到几百千克。因营浮游生活，水母分布受天气、潮汐、海流、风向、水域面积等因素影响，有的种类是可遇而不可求的。

有些水母触手中的刺细胞能释放毒素（如钩手水母、海蜇、霞水母等），若被它们蜇到，轻则痛痒难忍，被蜇处出现红肿和斑疹，重则危及生命。因此夏末秋初在海里游泳时要格外当心，当遇到海蜇或霞水母时应避而远之，千万不要主动触摸。

（1）**瘤手水母** *Tima formosa* L. Agassiz, 1862

瘤手水母又称台水母，属水螅虫纲被鞘螅目和平水母科。瘤手水母体伞形，伞径2~4 cm，触手布满伞缘。体中间有4个白色生殖腺，成对角排列，中间有口垂。瘤手水母6—9月出现于内港及近海海面。（图2-11）

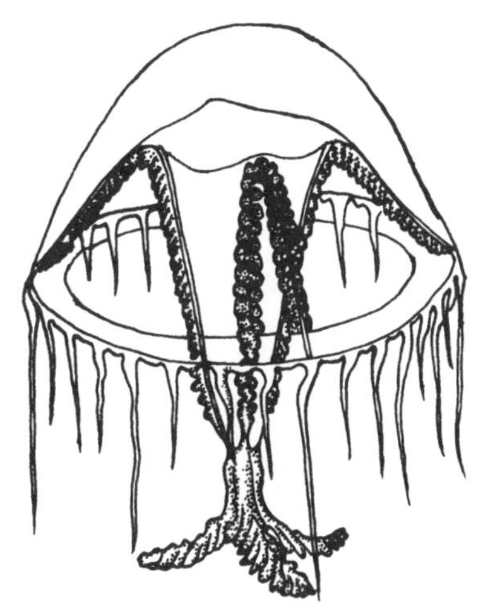

图2-11　瘤手水母

（2）**灯塔水母** *Turritopsis nutricula* McCrady, 1857

灯塔水母属水螅虫纲花裸螅目海洋水母科，个体较小，伞径1~1.5 cm，体中央有红点，6—9月出现于近海港湾水面。（图2-12和图2-13）

图2-12　灯塔水母

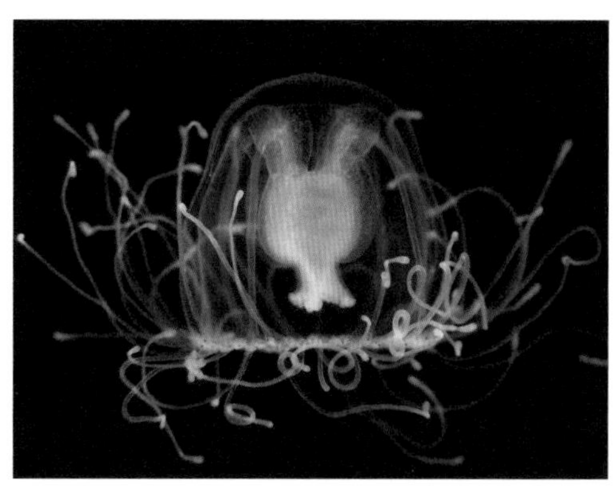

图2-13　灯塔水母（来源：Peter Schuchert，WoRMS）

(3) 海蜇 *Rhopilema esculentum* Kishinouye, 1891

海蜇属钵水母纲根口水母目根口水母科。海蜇的幼体比较小，易于存放，适合做标本。海蜇幼体伞径5～8 cm，口腕部6～10 cm，淡红棕色。口腕部有8条（4～8 cm）半透明长腕。长腕极易脱落。海蜇多于4月底、5月初出现，不定点浮游。过去在胶州湾红岛附近海面大量出现，后因污染而绝迹，许多年没再发现。近几年在莱州湾及渤海湾的营口海面常有发现，但因它们是不定点地浮游，行踪难以掌握。然而，海蜇出现时则成群结队，捞不胜捞。（图2-14和图2-15）

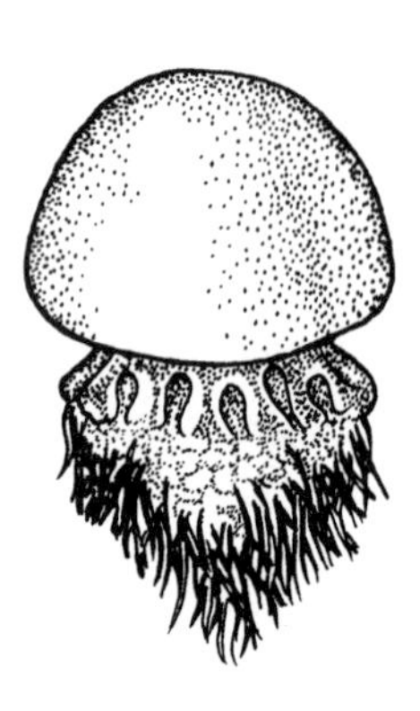

图2-14　海蜇

图2-15　海蜇

8、9月在近海偶尔可发现三五成群的、已长大的海蜇（伞径在1尺[①]以上，重达百余斤[②]）。海蜇是一种具有食用价值的水母。渔民捞到之后，用盐、矾腌渍加工后出售（伞体俗称海蜇皮，口腕部称海蜇头），可凉拌，可热炒，为佐酒佳肴。

(4) 海月水母 *Aurelia aurita* (Linnaeus, 1758)

海月水母属钵水母纲旗口水母目洋须水母科，是个体较大、较常见的、具有代表性的水母。体呈圆盘状，伞径5～20 cm；为乳白色，半透明。口盘周围有3～5个马蹄状凹陷（为生殖腺窝，淡紫色，明显可见），并有4条飘带状的腕。间辐管、主辐管、从辐管清晰可见，管外围全是触手，还有8个缺刻。6月底至8月初，天气晴朗、风平浪静、潮水将要涨满时，在内港码头近海水面上会见到它们一伸一缩地逆风浪而行。天阴或遇有声响时，海月水母快速沉入水表层以下，不见踪影。（图2-16和图2-17）

① 尺为非法定单位。1尺≈0.33米。

② 斤为非法定单位。1斤=500克。

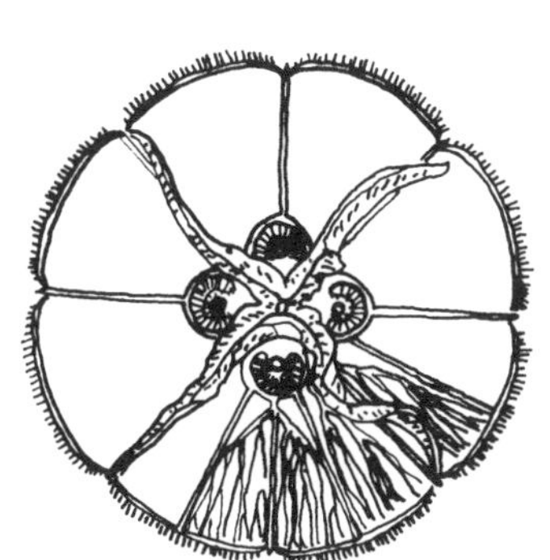

图2-16　海月水母

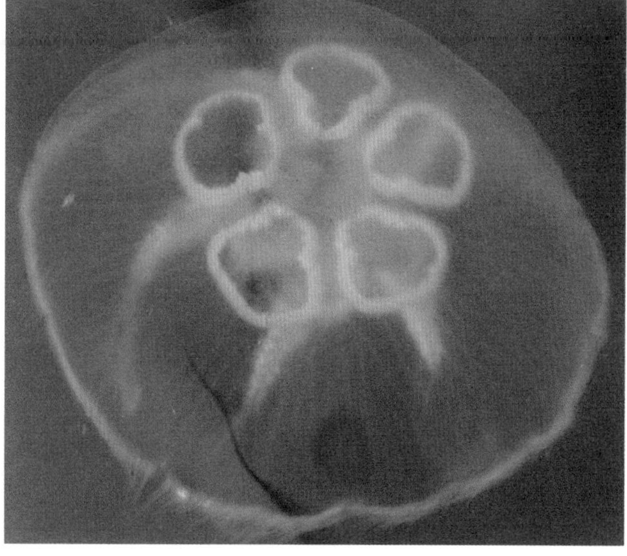

图2-17　海月水母（来源：Hans De Blauwe，WoRMS）

（5）耳喇叭水母 *Haliclystus auricula* James-Clark，1863

耳喇叭水母属十字水母纲十字水母目喇叭水母科，其伞缘有8束短的冠状触手。萼部宽1~3 cm，与柄部区别明显。柄部短于萼部。耳喇叭水母每年6—9月出现，尤以7—8月最为普遍。（图2-18）

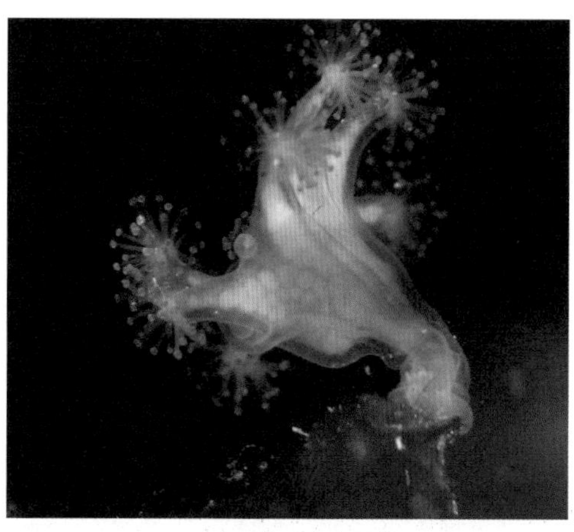

图2-18　耳喇叭水母（来源：Patrick Decaluwé，WoRMS）

(6) 白色霞水母 *Cyanea nozakii* Kishinouye, 1891

白色霞水母属钵水母纲旗口水母目霞水母科，俗称丝挠，个体较大。其状似海蜇，但前端触手很长（1 m以上）。它们亦有刺细胞和毒素，能伤人。白色霞水母多于秋天出现在较深水域，较难采获完整的个体。（图2–19）

图2–19　白色霞水母

3. 海鳃

(1) 沙箸海鳃 *Virgularia* sp.

沙箸海鳃，又称海笔，属珊湖纲海鳃目沙箸海鳃科。体长12~30 cm，中间具角质中轴骨骼。体上端2/3为营养体包裹着；下端1/3则是圆柄状肉体，竖直埋栖于近低潮线沙滩底内。潮退后，一般其中轴骨骼（乳白色）上端2 cm左右裸露在滩面，无珊瑚虫营养体；有的露出较长，可见到其骨骼上附着的部分橘红色珊瑚虫营养体。虫体埋深为15~30 cm。（图2–20）

图2–20　沙箸海鳃

（2）强壮仙人掌海鳃 *Cavernularia obesa* Valenciennes in Milne Edwards & Haime，1850

强壮仙人掌海鳃俗称海仙人掌、海蜡，属珊瑚纲海鳃目棒海鳃科。体淡橘色，形似小棒槌，有拇指粗，周身布满水螅体状触手，似植物中的仙人掌，因而得名。体下部（体柄）渐细，末端尖而圆。用手捏摸体柄末端，可触摸到一小硬块，是其游离的骨骼。在暗处（或夜晚）触摸其体，有亮丽的蓝绿色磷光，老百姓戏言"海蜡放光，冒充电棒（手电筒）"。（图2–21）

图2–21　强壮仙人掌海鳃

4. 海葵

（1）纵条矶海葵*Diadumene lineata*（Verrill，1869）

纵条肌海葵俗称西瓜海葵或滨玫瑰，属珊瑚纲海葵目矶海葵科。体柱圆筒形，为橄榄绿色、褐色或浅灰色，常有橘色、黄色或白色纵条。纵条矶海葵在北方沿海是常见种。（图2–22和图2–23）

图2–22　纵条矶海葵

图2–23　纵条矶海葵

（2）绿侧花海葵 *Anthopleura fuscoviridis* Carlgren，1949

绿侧花海葵属珊瑚纲海葵目海葵科，为肉食性动物。体呈圆筒状，体柱绿色，表面有许多疣状突。绿侧花海葵以其体基部固着生活于岩礁上、石块反面及岩礁隙间。满潮时，绿侧花海葵体柱伸长2～12 cm，口盘周围有许多伸展的触手（中空，为6的倍数），状似葵花，因而得名。潮退后，绿侧花海葵体柱高1~3 cm，其触手收缩或包被于口盘中，呈球状。触手感觉灵敏，当触及物体或周围有较大响声即会收缩。生活时触手伸展，其中有刺细胞，可用以捕捉小的鱼、虾、蟹，甚至牡蛎、蛤仔等。食物经口进入口道，再进入消化循环腔。绿侧花海葵烹炒后可供人们食用，为胶东地区特色菜。（图2–24）

图2–24　绿侧花海葵

（3）**黄侧花海葵** *Anthopleura xanthogrammica*（Brandt，1835）

黄侧花海葵属珊瑚纲海葵目海葵科。体黄棕色，其他特征等与绿侧花海葵相近。（图2–25）

图2–25　黄侧花海葵

四、扁形动物门 Platyhelminthes

海洋扁形动物种类较少。其中，海洋涡虫营自由生活。国内尚缺少相关研究。

薄背涡虫 *Notocomplana humilis*（Stimpson，1857）

薄背涡虫属涡虫纲多肠目背涡虫科。体扁平，呈叶状。背面淡棕褐色或灰黄色，杂有棕色斑点；前端有两个眼点。腹面灰白色，肠清晰可见。其附着生活于沿海潮间带中、下区湿润的或水洼中的石块反面，会匍匐蠕动；受到刺激后会卷曲成团。（图2-26）

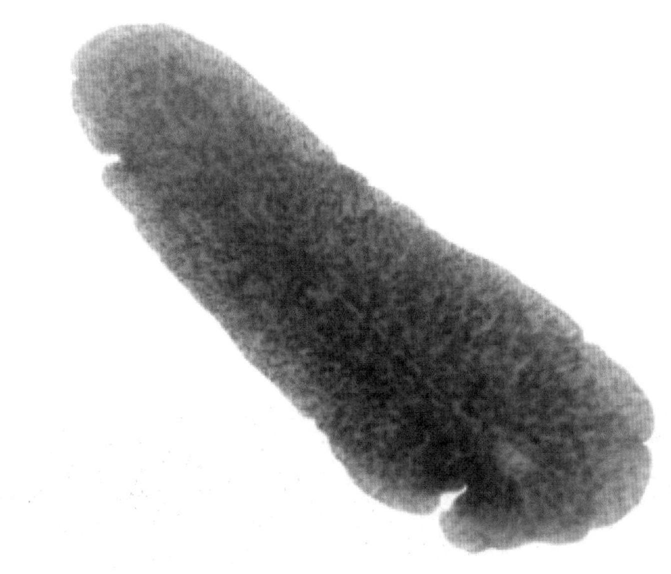

图2-26　薄背涡虫

五、纽形动物门 Nemertea

纽形动物又称吻腔动物（吻腔动物门Rhynchocoela），简称纽虫或吻虫。纽虫主要生活于海洋中，营底栖或漂浮生活。海洋底栖纽虫有的栖息在潮间带或近海的石头下面、海藻丛中、海绵间、牡蛎壳或藤壶等固着动物之间，有的生活于泥沙中或珊瑚礁中，有的生活于自身分泌的黏液管或透明的纸状管中，还有的与双壳类、腹足类、海鞘等动物共栖。

（1）青纵沟纽虫 *Lineus fuscoviridis* Takakura，1898

青纵沟纽虫属无针纲异纽目纵沟科，俗称带纽虫。体呈带状，紫褐色或棕褐色，有多条白色环纹。体长25～80 cm，宽约0.5 cm。吻细长，呈乳白色或浅粉色。青纵沟纽虫生活于潮间带低潮区的岩礁岸岩石缝隙和泥沙底内，以及湿润环境的石块下沙砾中间，像蛇那样盘绕卷曲成团，不伤人。其身上附有自身分泌的黏液，黏附许多沙粒。青纵沟纽虫受到较严重的刺激不但会自切成数段，还会将吻全部吐出体外。（图2–27）

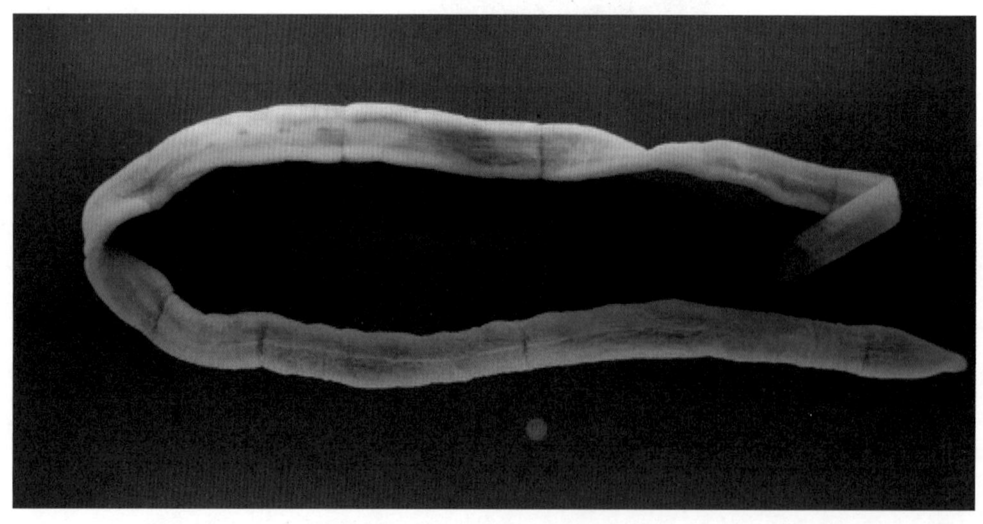

图2–27　青纵沟纽虫（来源：https：//media.eol.org/content/2014/05/01/20/87959_orig.jpg）

（2）**扁额细首纽虫** *Cephalothrix linearis*（Rathke，1799）

扁额细首纽虫属古纽纲原纽虫目细首科。体细长，一般长25～45 cm。其体色多样，有乳白色、淡黄色、肉红色、青灰色、棕褐色等。它们被触及时能散发轻微的臭味，受到刺激后易自切成数段。扁额细首纽虫生活于高潮区湿润泥沙滩碎石块下，有的还能埋藏于泥沙滩底内，数量较多。（图2–28）

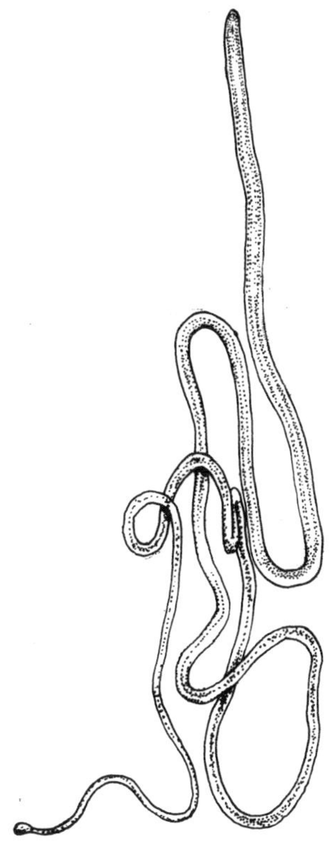

图2–28　扁额细首纽虫

六、毛颚动物门 Chaetognatha

毛颚动物与假体腔肠动物有许多相似之处，为一个较小的门类，仅有一个纲（箭虫纲）。其特征是头部两侧有成排的几丁质颚毛。体细长，透明，左右对称。身体分为头、躯干、尾3部分，躯干腔与尾腔又被纵隔分为左右两半。毛颚动物营浮游生活。

强壮箭虫 *Aidanosagitta crassa*（Tokioka，1938）

强壮箭虫属箭虫纲无横肌目箭虫科，其体略透明，不坚硬。泡沫组织很发达，从头部延伸至尾部。纤毛环始自眼后，环的左右两侧呈波浪状。强壮箭虫体长10～20 mm，在浅海营浮游生活。（图2–29）

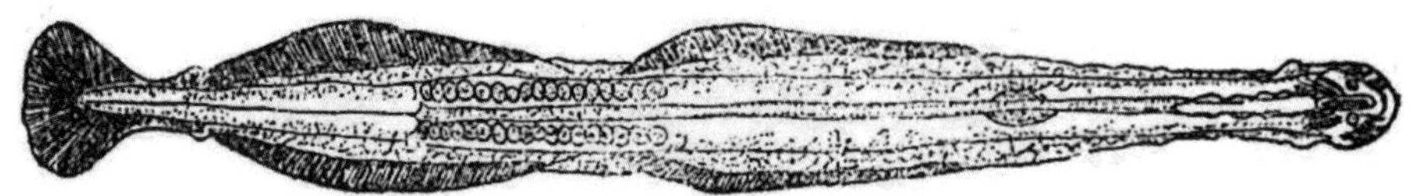

图2–29 强壮箭虫

七、环节动物门 Annelida

环节动物的身体分成许多形态相似的环形体节。其典型特征如下：身体两侧对称、分节，具裂生真体腔、闭管式循环系统、链式神经系统等。根据刚毛、疣足、环带、吸盘的有无和多少，环节动物分为多毛纲、蛭纲和星虫目，其中多毛纲是最大的一纲，多为海生，生活史经历担轮幼虫期。

（1）温哥华真旋虫 *Eudistylia vancouveri*（Kinberg，1866）

温哥华真旋虫属多毛纲缨鳃虫目缨鳃虫科。体呈圆柱状，淡黄色或乳白色，体节多。头部有2个螺旋状鳃冠，每个鳃冠有3个完整的螺旋圈。鳃冠上还具有羽状鳃丝，黄褐色，带有白色斑点。疣足退化。虫体栖居于深棕色的、坚韧的革质管中，管垂直埋入沙泥或泥沙滩底内，埋深20～40 cm。（图2–30和图2–31）

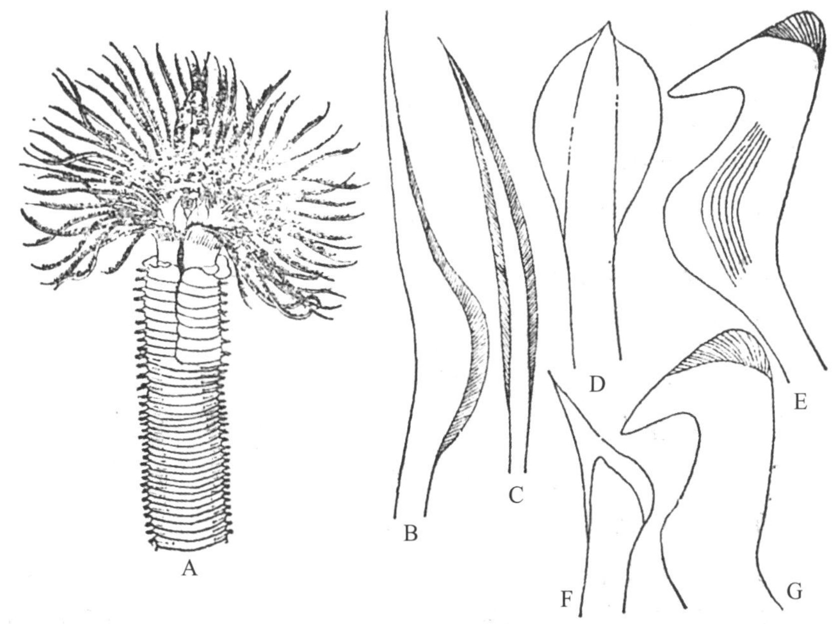

A. 体前部背面观；B. 胸区背刚毛（长马刀状）；C. 双翅毛刚毛；D. 稃刚毛（匙状）
E. 胸区腹齿片（长柄鸟嘴状）；F. 伴随刚毛（掘斧状）；G. 腹部背齿片。

图2–30　温哥华真旋虫

图2–31　温哥华真旋虫（来源：Neil McDaniel，WoRMS）

（2）埃氏蛰龙介 *Terebella ehrenbergi* Grube, 1869

埃氏蛰龙介属多毛纲蛰龙介目蛰龙介科，俗称蛰龙介。体前部较粗，有红色且带斑点的、树枝状分支的鳃；后部较细。全身有环节。它们多栖居于岩礁岸中、下区较大石块下面黄褐色泥沙质管中。另有栖居于泥沙滩底内沙管中者。其体破碎，会流出红黄色体液。（图2-32）

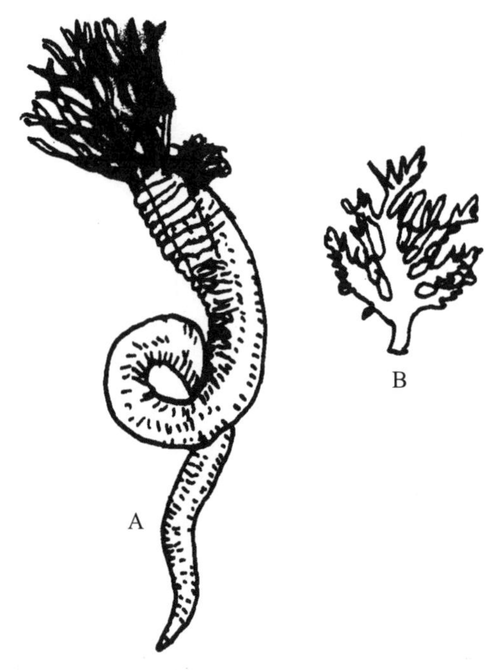

A. 外形；B. 鳃分支。

图2-32　埃氏蛰龙介

（3）革质笔帽虫 *Pectinaria dimai* Zachs, 1933

革质笔帽虫属多毛纲蛰龙介目笔帽虫科，又称日本栉虫、端节虫、金毛沙蚕。虫体前粗后细，栖息于自身分泌的黏液与细沙包裹的管里。管呈圆锥状，酷似我们常用的铜、铁质的毛笔帽，末端有开口。革质笔帽虫埋栖于泥沙或沙滩底内，管穴略倾斜，埋深约20 cm。其众多触手汇集成簇。腹面有口，口两侧有丛状刚毛，刚毛具捕食作用。背面有2排粗硬的、有金黄色光泽的刚毛，呈扇形排列。（图2-33）

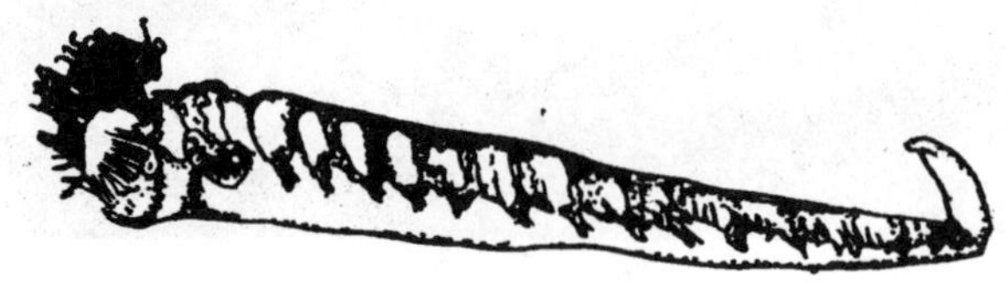

图2-33　革质笔帽虫

(4)**日本中磷虫** *Mesochaetopterus japonicus* Fujiwara，1934

日本中磷虫属多毛纲海稚虫目磷虫科。体细长，口前叶小。头部退化，呈圆锥形，基部小，有1对触手。围口节腹面部分伸展成领状，口部漏斗状。躯干前段扁平，有9个刚节，其中第4对疣足呈半圆形。躯干中段甚扁，有3节；疣足变化大，第2对呈翼状（墨绿色）。栖管垂直埋于潮间带中、下区的沙、泥沙滩底内，埋深15~25 cm。（图2–34）

图2–34　日本中磷虫

(5)**磷虫** *Chaetopterus variopedatus*（Renier，1804）

磷虫属多毛纲海稚虫目磷虫科，其形态特征与日本中磷虫相近，但个体较粗大。磷虫的栖管呈U形，埋栖在潮间带中、下区沙滩底内，在滩面有2个开口，管口露出滩面2~4 cm，埋深25~40 cm。（图2–35）

图2–35　磷虫

(6)**覆瓦哈鳞虫** *Harmothoe imbricata*（Linnaeus，1767）

覆瓦哈鳞虫属多毛纲叶须虫目多鳞虫科。体呈长椭圆形，浅棕色或黑灰色，有覆瓦状背鳞15对。前对眼位于口前叶额角下方腹面，后对眼位于口前叶后侧缘。触手、触角、触须和背须皆具丝状乳突。覆瓦哈鳞虫生活于潮间带中、下区泥沙底石块下、碎石和贝壳中。（图2–36和图2–37）

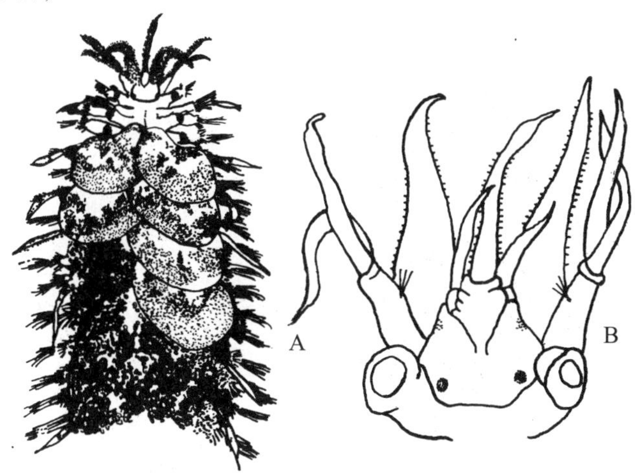

A. 外形；B. 头部。

图2–36　覆瓦哈鳞虫

图2-37　覆瓦哈鳞虫（来源：Honrata Kaczmarek，WoRMS）

(7) 澳洲鳞沙蚕 *Aphrodita australis* Baird，1865

澳洲鳞沙蚕属多毛纲叶须虫目鳞沙蚕科。体背面观呈椭圆形，背面隆起，腹面平坦。头部有1对长触角。眼小，无柄。背面黑色，带有金黄色和彩虹色光泽；有密集的刚毛。澳洲鳞沙蚕埋栖于水下较深的泥质底内。它在大风过后的泥沙滩常可被捡到，也会被偶然挖到（尚未掌握潮退后其留在滩面的目标）；在底栖拖网中也偶有发现，数量不多。（图2-38）

图2-38　澳洲鳞沙蚕

（8）日本刺沙蚕 *Hediste japonica*（Izuka，1908）

日本刺沙蚕属多毛纲叶须虫目沙蚕科。体扁平，细长；背面灰绿色或青绿色，腹面及疣足粉红色。头前端有2只大颚，颚上有7～8枚齿。疣足发达，体节多。尾末端有肛门并有2根刚毛。体长8～25 cm。其是鱼、虾养殖及垂钓的良饵，俗称沙食。日本刺沙蚕埋栖于高潮区有淡水入海处泥或泥沙滩底内，潮退后滩面留有扁圆形穴口，有的虫体会爬出滩面活动。（图2-39和图2-40）

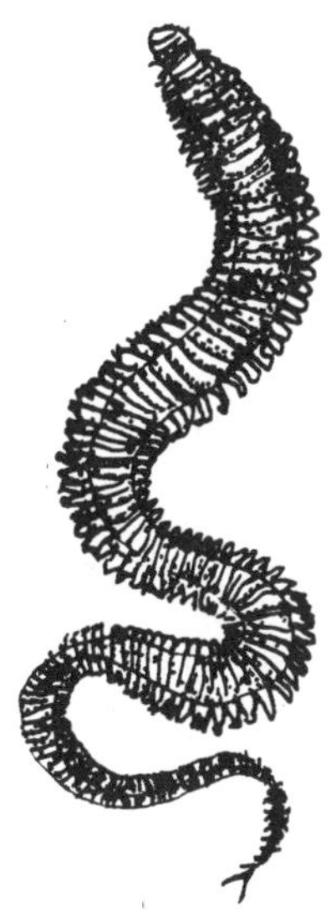

图2-39　日本刺沙蚕

图2-40　日本刺沙蚕

（9）**双齿围沙蚕** *Perinereis aibuhitensis*（Grube，1878）

双齿围沙蚕属多毛纲叶须虫目沙蚕科，俗名青虫、海蜈蚣、海蚂蟥，是一种海产经济动物。其主要生活在中高潮带泥沙滩涂中，在全国各地的沿海都有分布。目前，双齿围沙蚕是我国出口量最多的沙蚕品种之一。（图2–41）

图2–41　双齿围沙蚕

（10）**岩虫** *Marphysa sanguinea*（Montagu，1813）

岩虫属多毛纲矶沙蚕目矶沙蚕科。体扁而宽，长约15 cm，红褐色或黄绿色，带有磷光。岩虫凿孔穴居于潮间带中区风化岩层中和岩隙间。采集时，须用铁镐在风化岩及岩间隙间刨取。岩虫为垂钓良饵，俗称扁食。（图2–42和图2–43）

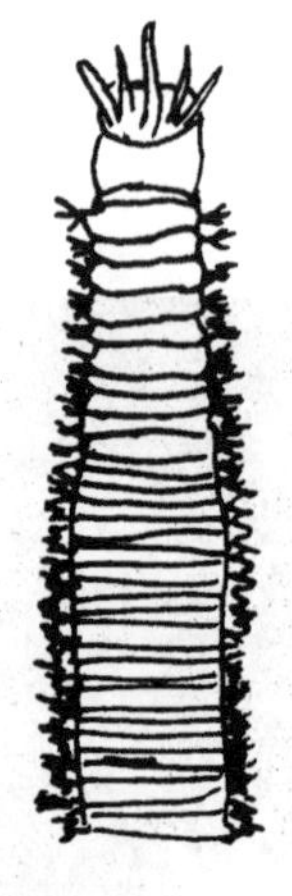

图2–42　岩虫

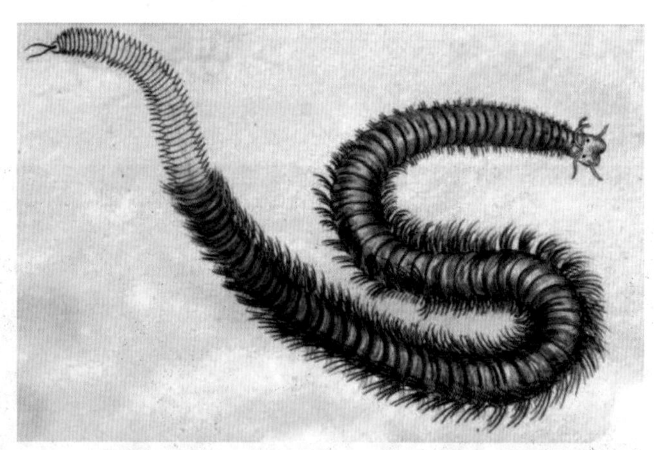

图2–43　岩虫（来源：George Montagu，WoRMS）

（11）**短叶索沙蚕** *Lumbrineris latreilli* Audouin & Milne-Edwards，1833

短叶索沙蚕属多毛纲矶沙蚕目索沙蚕科。体细而长，圆柱状，肉红色。口前叶为钝圆锥形，疣足发达。其没有触角和眼，无鳃，有肛须4条。短叶索沙蚕生活于近低潮线泥沙底内，极易自切。（图2–44）

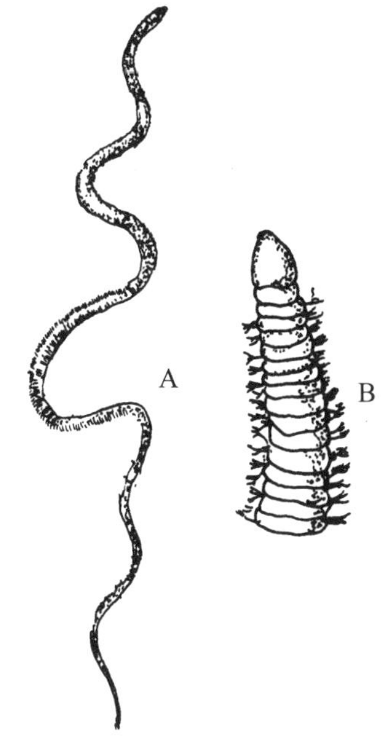

A. 外形；B. 头部。

图2-44　短叶索沙蚕

(12) **巢沙蚕** *Diopatra amboinensis* Audouin & Milne Edwards, 1833

巢沙蚕属多毛纲矶沙蚕目欧努菲虫科。体前端头部圆，后端扁平。口叶有2个小触肢和5根长触手。围口节有1对触须。无眼。尾端具有4根肛须。巢沙蚕栖息于胶质管内，垂直埋栖于潮间带中、上区沙或泥沙滩底内；管口露出滩面1~1.5 cm，且管口附着有海藻和碎贝壳。潮退后，其管多倒伏于滩面，栖管末端有开口。巢沙蚕也是垂钓良饵，俗称管食。(图2-45)

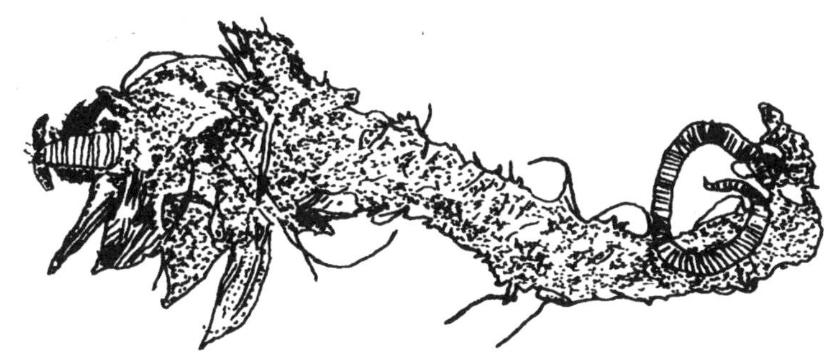

图2-45　巢沙蚕

(13) **异齿短脊虫** *Metasychis disparidentatus* (Moore, 1904)

异齿短脊虫属多毛纲囊吻目竹节虫科。体细长，圆柱状。头部退化，口前叶盘状，腹面口大。体节像竹节，两端的短，中间的长；第9节特别长，由2节愈合而成，具2对疣足。刚毛刺状或栉状。围肛节漏斗状，有锯齿状肛须；肛门开口于漏斗底部。异

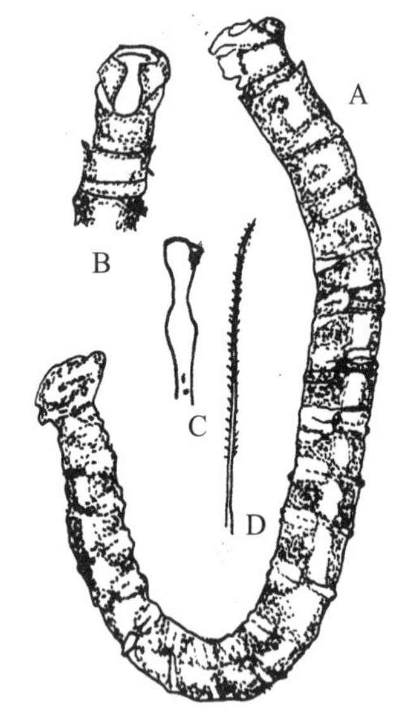

A. 整体侧面观；B. 头部背面观；C. 钩状刚毛；D. 刺状刚毛。

图2-46　异齿短脊虫

齿短脊虫埋栖于潮下带泥沙滩底内U形泥质管状穴道中，穴道长约为虫体长的1.5倍。潮退后，头端穴口下陷，呈漏斗状，有粗沙砾和碎贝壳等积留物；虫尾端穴道开口于滩面，排出的泥沙和粪便呈丘状。有时其尾会伸出滩面1~2 cm。（图2-46）

在众多穴口间确定哪两个穴口间为一条穴道的方法如下：用脚踩压一漏斗状穴口，寻找出水的丘状穴口即可。虫体长30 cm左右，管埋深30~50 cm，头尾间距为埋深的1倍左右。

（14）柄袋沙蠋 *Arenicola brasiliensis* Nonato，1958

柄袋沙蠋又叫巴西沙蠋，属多毛纲囊吻目沙蠋科。体圆柱状，前粗后细，黑褐色。口前叶为锥状突起。口内有肉质吻（咽），乳白色，能翻出。无颚器。体中部有11对红褐色羽状鳃。疣足退化。生殖季节胶质、半透明的卵袋内装有黑色点状卵。卵袋处于头尾之间，略靠近头部；呈卵圆形，长约10 cm，有长柄连在底内穴道上。潮退后其卵袋倒伏于滩面。柄袋沙蠋埋栖于潮间带中、下区沙或泥沙滩底内，穴道呈U形。（图2-47）

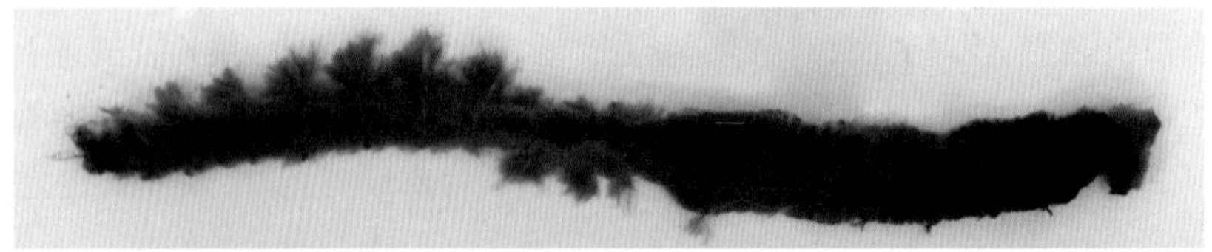

图2-47　柄袋沙蠋

（15）大囊须虫 *Saccocirrus major* Perantoni，1907

大囊须虫属多毛纲囊吻目囊须虫科。体淡黄色，细线条状，长4~5 cm，宽0.1 cm。体前端有触角和环节。肛部分叉，后缘有8~15个吸盘。大囊须虫成群聚集生活于近高潮线沿岸沙砾下，尤其以靠近污水道入海口附近滩区数量多，受到刺激则蜷缩成团。其在3—5月最多。潮退后，翻动湿润的或水坑中的石块，可大量发现。（图2-48）

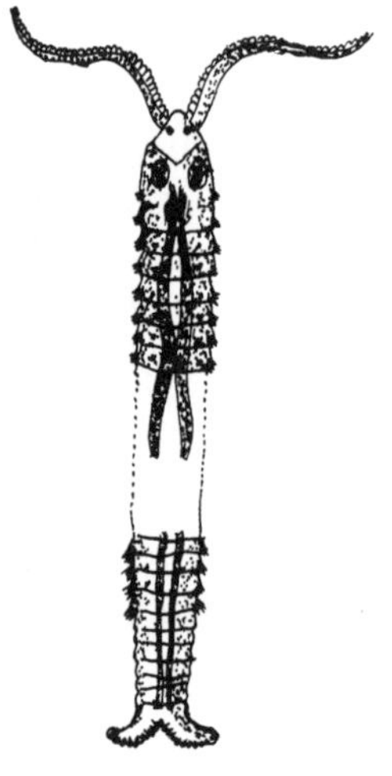

图2-48　大囊须虫

(16) **短吻铲荚螠** *Listriolobus brevirostris* Chen & Yeh, 1958

短吻铲荚螠又称短吻螠虫，原属于螠虫动物门，现属环节动物门多毛纲螠虫目绿螠科。体长囊状，淡橘色或粉紫色。吻短而平，基部呈管状。体表有不规则的小突起。腹面突起近环形排列，前端粗而密，至后端小而疏。背面突起少，后端光滑。体壁薄，具纵肌束7条。腹面具1对镰刀状刚毛。短吻铲荚螠穴居于潮间带中、下区泥沙滩。穴道呈U形，埋深10~20 cm。潮退后洞穴留在滩面的特征是，头端穴口漏斗状（直径2~4 cm），尾端穴口周围常可见其排泄出的黑色椭球状颗粒粪便。（图2-49）

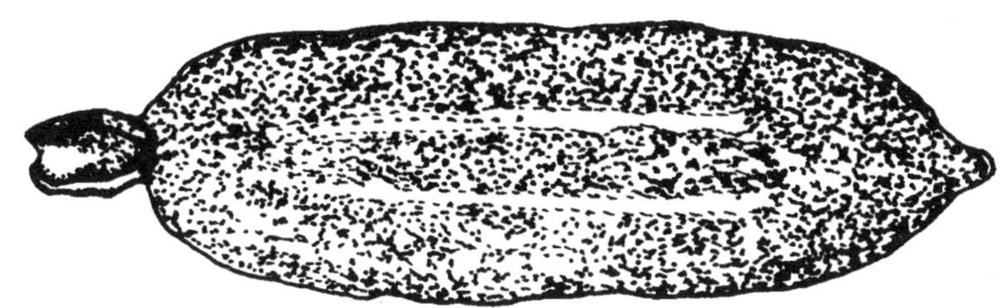

图2-49　短吻铲荚螠

(17) **单环刺螠** *Urechis unicinctus*（Drasche, 1880）

单环刺螠又叫单环棘螠，属多毛纲螠虫目刺螠科，俗称海肠。体肥大，身体前端具一长吻用于觅食。长吻极具弹性，可伸长至1 m以上。单环刺螠多栖息于泥滩，有很好的潜沙能力。洞穴为U形，洞口呈烟囱状。（图2-50）

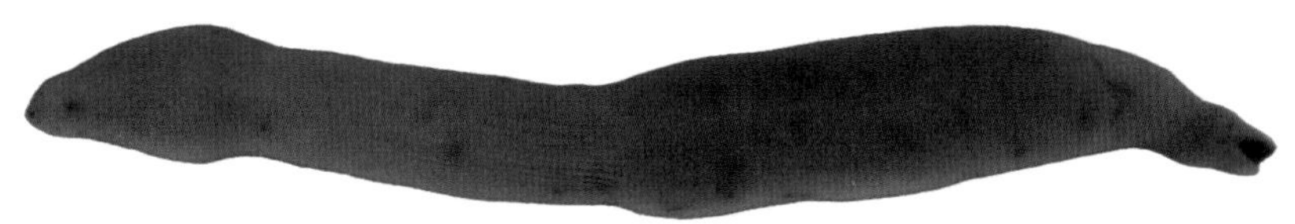

图2-50　单环刺螠

(18) **裸体方格星虫** *Sipunculus nudus* Linnaeus, 1766

裸体方格星虫又称沙虫，原属于星虫动物门，现属环节动物门星虫目管体星虫科。体柔软，蠕虫状，长圆筒形，不分节，无疣足、刚毛。口位于吻前，周围有触手。体乳白色，略带紫色，具金黄色、绿色光泽。躯干遍布纵横沟纹，展开似星芒状，故名星虫。肛门开口于躯干部前端背面。裸体方格星虫埋栖于潮间带下区沙泥滩底内，营穴居生活。穴道垂直，略倾斜，埋深20 cm左右。潮退后，穴道在滩面留有漏斗状目标。南方有人加工晒干后食用，名曰“星虾”。（图2-51和图2-52）

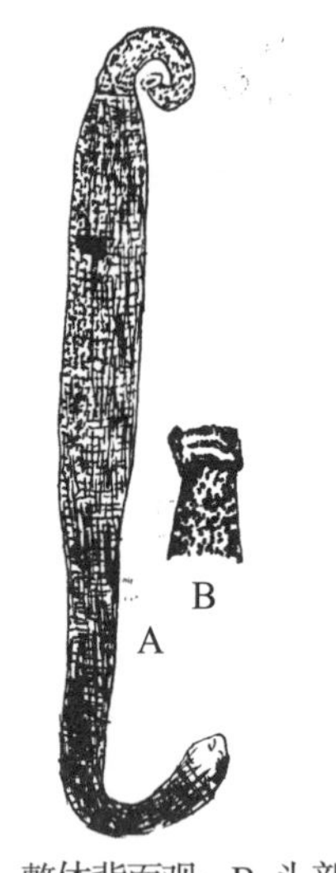

A. 整体背面观；B. 头部。

图2-51　裸体方格星虫

图2-52　裸体方格星虫（来源：http://www.eol.org/data_objects/13235204）

八、软体动物门 Mollusca

软体动物，即贝类。软体动物门是动物界中仅次于节肢动物门的第二大门类。软体动物身体柔软，不分节，由头部、足部、内脏团和外套膜4部分组成。大多数软体动物具有壳，是重要的保护器官。壳的形状随着种类的不同变化很大，有的种类的壳则变为内壳或完全消失，壳是软体动物重要的分类依据。

1. 多板纲

(1) 红条毛肤石鳖 *Acanthochitona rubrolineata* (Lischke, 1873)

红条毛肤石鳖属石鳖目毛肤石鳖科。体长圆形。壳片无龙骨，峰部发达。环带宽，密布短小的骨针，较长的针则集成18丛针束。头板表面密布颗粒状突起，嵌入片上具齿裂。中间板具平行于体轴的肋，翼部具粒状突起。尾板表面有放射肋。红条毛肤石鳖多附着生活于沿岸礁石和石块下。（图2-53和图2-54）

图2-53　红条毛肤石鳖

图2-54　红条毛肤石鳖

（2）**函馆锉石鳖** *Ischnochiton hakodadensis* P. P. Carpenter, 1893

函馆锉石鳖属石鳖目锉石鳖科。体长圆形，背腹扁平，体表较光滑。环带窄，布有鳞片和骨针。中间板中部有网状刻纹，翼部有6或7条粒状放射肋。尾板前部网纹状，后部有放射肋。函馆锉石鳖多附着生活于沿岸礁石和石块下。（图2-55）

图2-55　函馆锉石鳖

(3) **朝鲜鳞带石鳖** *Lepidozona coreanica*（Reeve, 1847）

朝鲜鳞带石鳖属石鳖目锉石鳖科。体长圆形，龙骨发达。头板具16条由颗粒突起组成的放射肋，每条肋末端有分叉。中间板肋部有细纵肋，翼部具较粗大的放射肋。朝鲜鳞带石鳖附着生活于沿岸潮间带中、下区礁石和石块下。（图2-56）

图2-56　朝鲜鳞带石鳖

2. 腹足纲

(1) **皱纹盘鲍** *Haliotis discus hannai* Ino, 1951

皱纹盘鲍属小笠螺目鲍科。壳前端稍尖。螺层一般3层。壳顶钝，通常被磨损。壳顶位于偏后方，稍高于壳面。从第2层到体螺层部的边缘有1列高的突起和孔，开孔3~5个。生长纹很明显。壳表面为深褐绿色，有粗糙且不规则的皱纹。壳内面为银白色，带有青绿色的珍珠光泽。皱纹盘鲍附着生活于低潮线附近至水深10 m左右的藻类丛生的岩礁间。6月下旬至8月，水温在17℃~24℃，其生殖腺基本成熟。（图2-57）

图2-57　皱纹盘鲍

(2) **嫁蝛** *Cellana toreuma*（Reeve, 1854）

嫁蝛属花帽贝科。壳表面具有明显的放射肋30~40条，颜色变异较大，通常为灰色或黄绿色，并有不规则的紫色或褐色斑带。壳内面为银灰色，有较强的珍珠光泽。壳周缘有细齿状的缺刻。嫁蝛生活于潮带间附近岩礁上，以中、下区岩石上较多。（图2-58和图2-59）

图2-58　嫁蝛

图2-59 嫁蝛

(3) **史氏背尖贝** *Nipponacmea schrenckii* (Lischke, 1868)

史氏背尖贝属笠贝科。壳呈笠状，低平，近长卵圆形。壳顶坚实，位于前方壳长的1/4处，尖端略向前弯曲。前壳面略窄而低，后壳面较宽而高。壳表面从壳顶到壳缘有许多细密的放射肋，与生长环纹交织，呈现出排列整齐的念珠状的小颗粒。壳表面颜色变化较大，随生活环境而异，通常为淡黄色，并有紫色或褐色的斑带。壳内面为蓝灰色，中央有1块白色的胼胝，边缘具有细齿状的缺刻。史氏背尖贝生活于高潮带附近的岩石上。(图2-60)

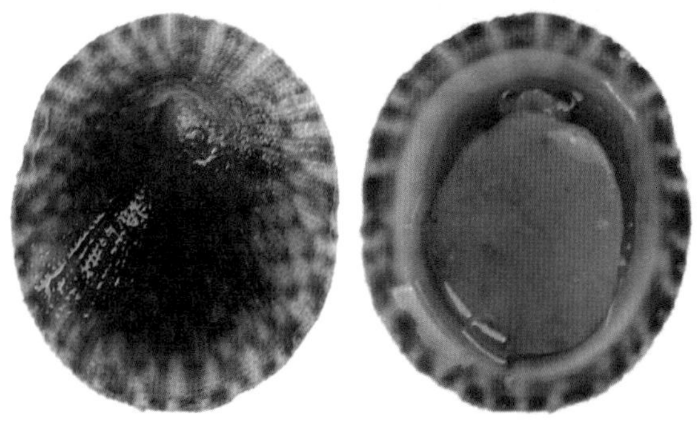

图2-60 史氏背尖贝

(4) **矮拟帽贝** *Patelloida pygmaea* (Dunker, 1860)

矮拟帽贝属笠贝科。壳小，呈帽状，厚而坚实。壳周缘呈椭圆形。壳顶钝而高起，位于壳的中央部稍靠近前方，且常被腐蚀。壳表面放射肋弱，不甚明显，与不发达的生长环纹交织。壳表面通常褐色或灰白色，放射色带之间有黄褐色斑点。壳内面为浅蓝色或灰白色，边缘有1圈褐色和白色相间的镶边，中间有黑褐色肌痕。矮拟帽贝生活于潮间带岩石上，为习见种，数量较多。(图2-61)

图2-61　矮拟帽贝

（5）**高背尖贝** *Nipponacmea concinna*（Lischke, 1870）

高背尖贝属笠贝科。壳呈笠状，较薄，周缘卵圆形。壳顶位于壳近前端位置，尖锐并略微向壳前端方向弯曲。壳表面具有密集的放射肋和生长环纹，二者交织形成众多微小的颗粒。壳表面为深绿褐色或黄褐色，壳内面蓝灰色，中间部分深褐色。高背尖贝栖息于高潮带附近的岩石上。（图2-62）

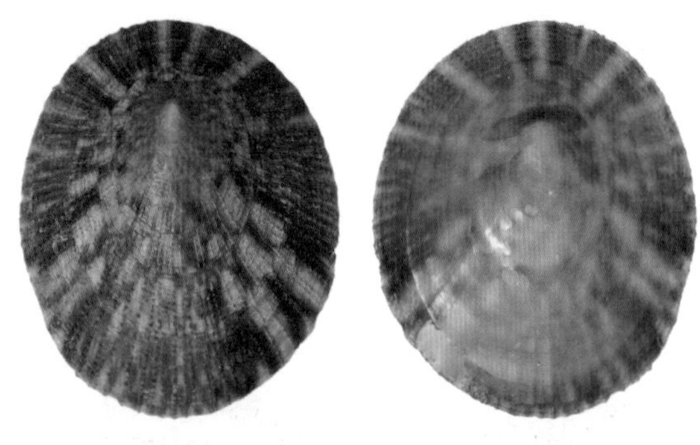

图2-62　高背尖贝

（6）**单齿螺** *Monodonta labio*（Linnaeus, 1758）

单齿螺属马蹄螺目马蹄螺科。壳呈拳形，厚而坚实，表面暗绿色斑与褐色斑相间。壳周膨圆。螺层6层或7层，各层宽度自上而下明显增大。缝合线浅。壳口稍斜，略呈桃形，内面灰白色。外唇边缘薄，向内增厚，形成半环形的齿列。厣角质，圆形，棕褐色。单齿螺从高潮线至低潮线岩礁岸均有分布。（图2-63）

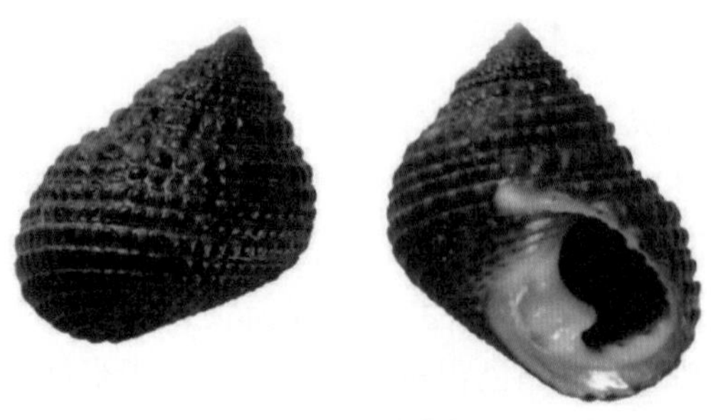

图2-63　单齿螺

(7) 托氏蜎螺 *Umbonium thomasi* (Crosse, 1863)

托氏蜎螺属马蹄螺目马蹄螺科。壳呈低圆锥形，稍厚而坚实。壳表面光滑而有光泽，颜色有所变化，通常为棕色，也有棕色与紫红色相间者。螺层6层或7层，各层宽度自上而下明显增大。缝合线呈细线状，有的个体的缝合线为紫红色。螺层表面具细密的棕色波纹状斑纹或暗红色火焰状条纹。壳表面的螺旋纹和生长纹细密，不明显。壳口近四方形，内面有珍珠光泽。外唇薄。内唇厚，具齿状小结节。厣角质，圆形，稍薄，核位于中央。托氏蜎螺生活于泥沙滩。其壳为贝雕工艺的良好材料，其肉可作为对虾的饵料。(图2-64和图2-65)

图2-64　托氏蜎螺

图2-65　托氏蜎螺

(8) **锈凹螺** *Tegula rustica*(Gmelin, 1791)

锈凹螺属马蹄螺目凹螺科。壳略呈钟塔形。螺层5层或6层，各层宽度自上而下逐渐增大，且各层均有细生长纹。缝合线浅。壳表面具一些粗壮的放射肋，在基部2、3层特别明显。放射肋较稀疏，呈黑锈色。壳口马蹄形；内面灰白色，具珍珠光泽。外唇薄，具有褐色与黄色相间的镶边。内唇厚，上方向脐孔延伸，形成一个白色遮缘；下方向壳口延伸，形成一个弱齿突起。脐孔圆形，大而深。厣圆形，有环纹，角质，核位于中央。锈凹螺生活于潮间带，多栖息于岩石下面或石缝中。(图2-66和图2-67)

图2-66 锈凹螺

图2-67 锈凹螺

(9) **单一丽口螺** *Tristichotrochus unicus*(Dunker, 1860)

单一丽口螺属马蹄螺目丽口螺科。壳呈圆锥形，表面黄褐色，布有紫褐色斑纹。螺层7层左右。缝合线浅。壳面略显膨胀，壳表有细密的螺肋。单一丽口螺生活于潮下带海藻丛岩石缝中。(图2-68)

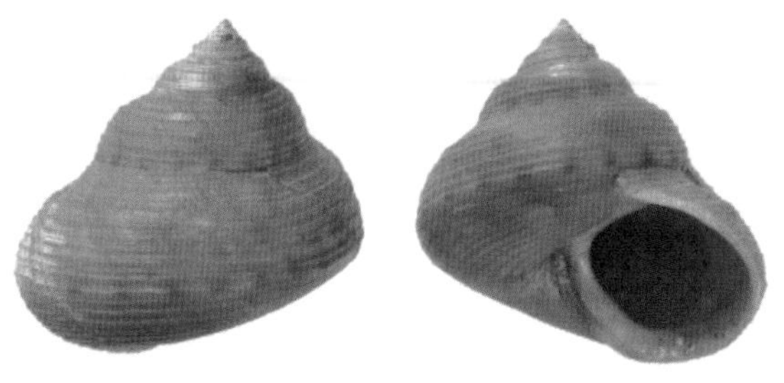

图2-68　单一丽口螺

（10）**朝鲜花冠小月螺** *Lunella correensis*（Récluz，1853）

朝鲜花冠小月螺属马蹄螺目蝾螺科。壳呈半球状，壳表面黄褐色和灰绿色相间，密布有许多由细颗粒连成的细螺肋。螺层5层或6层，各层宽度自上而下逐渐增大，缝合线不深。厣石灰质，半球形，较厚，核接近中央。厣外面凸，呈白色，间有灰绿色，轮纹少；内面平，呈棕褐色，轮纹多。朝鲜花冠小月螺集群生活于潮间带岩石或岩缝间。（图2-69）

图2-69　朝鲜花冠小月螺

（11）**珠带拟蟹守螺** *Pirenella cingulata*（Gmelin，1791）

珠带拟蟹守螺属汇螺科。壳呈锥形，螺层15层左右，缝合线沟状。壳顶尖，常被腐蚀，螺旋部高，由壳顶向下各螺层的高度和宽度增长均匀。体螺层低，仅缝合线下面的一条螺肋呈串珠状，其余的螺肋平滑，在体螺层左侧常有一发达的纵肿肋。壳表面黄褐色，在每一螺层中部和上部有一条紫色螺带。壳口近圆方形，内面具有与壳面螺旋沟纹相对应的紫色条纹。外唇稍厚，边缘扩张。内唇上方薄，下方稍厚。前沟短，呈缺刻状。厣角质。珠带拟蟹守螺为常见种，生活在潮间带泥质海滩上，肉可食用。（图2-70）

图2-70　珠带拟蟹守螺

(12) **纵带滩栖螺** *Batillaria zonalis* (Bruguière, 1792)

纵带滩栖螺属滩栖螺科。壳呈尖锥形，螺层12层左右。壳顶尖，常被腐蚀。由壳顶向下各螺层的高度和宽度增长均匀，缝合线清楚。螺旋部高塔形，体螺层低，基部稍倾斜。壳表面除顶部数螺层光滑外，其余部位具有较强的纵肋和粗细不均匀的螺肋。壳表面紫褐色，在缝合线下通常有1条白色螺带，螺肋间多为灰白色。壳口为卵圆形，内为紫褐色，常具有与壳表面沟纹相对应的条纹。壳口外缘薄，在后方具有一近V形凹陷。内唇较厚，后端有肋状隆起。厣角质。纵带滩栖螺生活于潮间带中、上区，常在有淡水流入的泥沙滩上栖息。(图2-71)

图2-71　纵带滩栖螺

(13) **古氏滩栖螺** *Batillaria cumingii* (Crosse, 1862)

古氏滩栖螺属滩栖螺科。壳和纵带滩栖螺的类似，但个体稍短小，壳顶常磨损。纵肋粗短，通常在壳顶数螺层明显，在近体螺层处则消失。螺肋低平。壳表面颜色多变，常呈灰黑色、黄褐色或棕褐色。古氏滩栖螺喜群栖，生活于潮间带高、中区的泥沙滩上。(图2-72和图2-73)

图2-72　古氏滩栖螺

图2-73　古氏滩栖螺

（14）短滨螺 *Littorina brevicula*（Philippi，1844）

短滨螺属滨形目滨螺科。壳较小，球形。螺层6层左右，缝合线细而明显。螺旋部短小，体螺层膨大，螺层中部扩张，形成一明显的肩部。壳表面具有粗细不均的螺肋，生长纹细密。壳顶常呈紫褐色。壳表面黄绿色，杂有变化多样的褐色、白色、黄色云状斑和点。壳口圆，内面褐色，有光泽。外唇有一褐白相间的镶边。内唇宽大，中凹，下端向前方扩张反折。无脐。厣角质，褐色，核近中央靠内侧。短滨螺大量密集群居于高潮线。（图2–74）

图2–74　短滨螺

（15）中华滨螺 *Littoraria sinensis*（Philippi，1847）

中华滨螺属滨形目滨螺科。壳近陀螺形，薄而结实，螺层7~9层。壳顶稍尖，螺旋部突出，体螺层较膨大，缝合线细而明显，螺层稍膨凸。壳表面具有细的螺旋沟纹，生长纹粗糙。壳表面灰黄色或棕褐色，杂有放射状褐色花纹。壳口卵圆形，内有与壳表面相同的色彩和肋纹。外唇薄。内唇稍扩张，略向外反折。无脐。厣角质。中华滨螺密集群居于潮间带高潮线岩石上或岩隙间。（图2–75至图2–77）

图2–75　中华滨螺

图2-76　中华滨螺

图2-77　中华滨螺

（16）**扁平管帽螺** *Ergaea walshi*（Reeve，1859）

扁平管帽螺属滨形目帆螺科。壳呈椭圆形，扁平而薄，表面光滑，具同心细纹，白色或黄白色，被有淡黄色壳皮。壳顶小，呈乳头状，位于壳的右后缘。内隔片呈扇形，其上有1个扁管，自壳顶斜向左前方延伸。扁平管帽螺生活于浅海，附着在脉红螺、玉螺等的空壳壳口内。（图2–78）

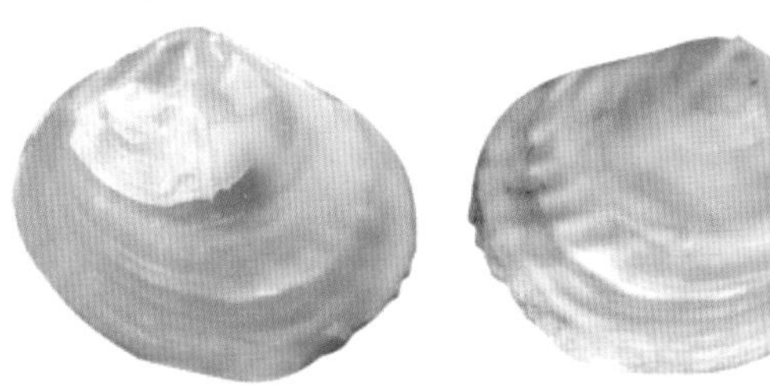

图2–78　扁平管帽螺

（17）**斑玉螺** *Paratectonatica tigrina*（Röding，1798）

斑玉螺属滨形目玉螺科。壳近球形，螺旋部低小，体螺层大而膨圆。壳表面平滑，生长纹细密；灰白色，密布有大小不一的紫色斑点，具有淡黄色、易脱落的薄皮。壳口卵圆形，内面白色。外唇薄，边缘完整。内唇上部薄，中、下部厚，中央形成一中等大小的结节。脐孔大。厣石灰质，淡黄白色，外侧边缘有2条半环形沟纹，核位于内侧基部。斑玉螺生活于潮间带10 m左右水深的泥沙和泥质海滩上。其肉味很美，素有“香螺”之称。斑玉螺常以牡蛎、缢蛏和蛤为食，故为贝类养殖一大敌害。（图2–79）

图2–79　斑玉螺

（18）**福氏乳玉螺** *Euspira gilva*（Philippi，1851）

福氏乳玉螺又称微黄镰玉螺，属滨形目玉螺科。壳高，低圆锥形，成体螺层通常6层，缝合线明显。壳顶尖细，顶部3个螺层很小，体螺层膨大。壳表面光滑无肋，生长纹细密，黄褐色或灰紫色。壳口卵圆形，接近脐的部分具有一个结节状的棕黄色胼胝。厣角质。福氏乳玉螺生活于潮间带的沙质、泥沙质或软泥质的滩涂。福氏乳玉螺为贝类养殖的敌害。其肉可供食用。（图2–80）

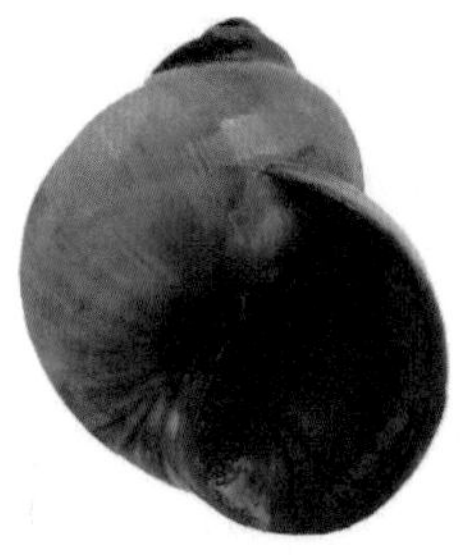

图2-80　福氏乳玉螺

(19)**扁玉螺** *Neverita didyma*(Röding, 1798)

扁玉螺属滨形目玉螺科。壳呈半球形，螺层5层左右，螺旋部较低，体螺层宽大。壳表面膨胀，生长纹细密；顶部紫褐色，基部白色，其余淡黄褐色；在缝合线的下方有1条褐色带。壳口卵圆形。外唇薄，内唇中部具有一个大的褐色结节。脐大而深，部分被结节遮盖。厣角质。扁玉螺生活于潮间带和浅海沙或泥沙底，为肉食性种类，以其他双壳类为食。其肉可供食用。(图2-81)

图2-81　扁玉螺

(20)**广大扁玉螺** *Glossaulax reiniana*(Dunker, 1877)

广大扁玉螺属滨形目玉螺科。壳略呈球形，表面光滑，呈淡紫色或淡黄褐色。螺层5层左右，螺旋部稍高，体螺层膨胀，在缝合线紧下方稍收紧。壳口半圆形，内面肉红色。外唇薄，内唇加厚，中部具有1个厚的脐结节，结节上有1条横沟痕。脐大而深。厣角质。广大扁玉螺生活在浅海泥沙底。(图2-82)

图2-82　广大扁玉螺

（21）**玫瑰履螺** *Sandalia triticea*（Lamarck，1810）

玫瑰履螺属滨形目梭螺科。壳小，卵形，玫瑰色或粉红色，有光泽。壳表面膨圆，具有丝状环行沟纹，后端有1个小的凹陷，在凹陷后方具小结节。壳口狭长，下方稍宽大。外唇厚，弧形，边缘有齿状缺刻。内唇中部较膨胀，接近上端有1个发达的结节。玫瑰履螺生活于低潮线附近至浅海，附着在柳珊瑚上。（图2–83）

图2–83　玫瑰履螺

（22）**耳梯螺** *Epitonium auritum*（G. B. Sowerby Ⅱ，1844）

耳梯螺属梯螺科。壳小而薄脆，褐色，淡棕色或白色。壳表面膨胀，生有较细弱的片状纵肋。缝合线深，沟状。螺旋部高。壳口近圆形，内唇与外唇均呈弧形。脐孔几乎被体螺层的片状肋所掩盖，不明显。耳梯螺生活于潮间带至浅海沙底或泥沙底。（图2–84）

图2–84　耳梯螺

(23)脉红螺 *Rapana venosa*(Valenciennes, 1846)

脉红螺属新腹足目骨螺科。个体较大，螺层6层。螺旋部低矮，体螺层膨大。壳表面具细螺肋，肩角上环生有等距离排列的短棘。壳口大，内面杏黄色。脉红螺生活于浅海潮间带下区。食用价值大。(图2-85)

图2-85　脉红螺

(24)日本刍秣螺 *Ocinebrellus inornatus*(Récluz, 1851)

日本刍秣螺又称内饰刍秣螺，属新腹足目骨螺科。本种壳型变化较大，多呈菱形(纵截面)或纺锤形。壳厚而粗糙，表面灰黄色或黄褐色。螺旋部呈阶梯状，体螺层大，胚壳1~2层，光滑无肋，其余螺层具有排列不均匀的螺肋及片状或翼状纵肋，纵肋通常为5条。壳口小，卵圆形，内面紫褐色。日本刍秣螺栖息于潮间带低潮区至浅海水深20 m的岩礁间。(图2-86)

图2-86　日本刍秣螺

(25)润泽角口螺 *Ceratostoma rorifluum*(Reeve, 1849)

润泽角口螺属新腹足目骨螺科。壳长菱形(纵截面)，表面灰白色或褐色，有粗细不均的螺肋。每个螺层上有4条纵行的片状螺肋，肋间具结节突起。壳口边缘为白色，内面紫褐色。外唇肥大，内缘具颗粒状小齿。内唇上方有一紫褐色斑块。润泽角口螺生活在潮间带低潮区至数米水深海底或岩礁。(图2-87)

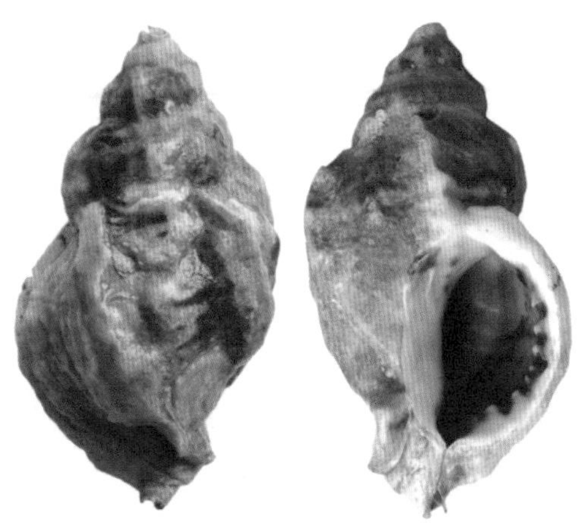

图2-87　润泽角口螺

(26) **疣荔枝螺** *Reishia clavigera* (Küster, 1860)

疣荔枝螺属新腹足目骨螺科。个体较小，壳呈纺锤形，表面灰褐色，具灰黑色疣状突起，疣突在体螺层形成5条环肋。壳口卵圆形。厣角质，核位于外侧缘。疣荔枝螺生活于潮间带下区岩石或岩隙间。（图2-88和图2-89）

图2-88　疣荔枝螺

图2-89　疣荔枝螺

（27）**黄口荔枝螺** *Reishia luteostoma*（Holten，1802）

黄口荔枝螺属新腹足目骨螺科。壳厚，呈纺锤形，表面灰黄色，杂有紫褐色的斑块。螺旋部各螺层中部和体螺层上部突出形成肩角，肩角上有1列角状突起。壳口长卵圆形；内面土黄色，有少量的紫褐色斑块。外唇薄，有锯齿状缺刻。黄口荔枝螺生活于潮间带低潮区至20 m水深的岩礁间或砾石间。（图2-90）

图2-90　黄口荔枝螺

（28）**丽小笔螺** *Mitrella albuginosa*（Reeve，1859）

丽小笔螺又称丽核螺，属新腹足目核螺科。壳小，呈纺锤形，表面黄白色，有褐色或紫褐色火焰状纵走的斑纹。缝合线明显。螺旋部较高，体螺层基部有1条环带。壳口小，外唇薄，内缘具5枚小齿。内唇稍扭曲。厣角质。丽小笔螺栖息于潮间带岩石区或泥沙底的海藻上，肉食性。（图2-91）

图2-91　丽小笔螺

(29)**布尔小笔螺** *Mitrella burchardi*(Dunker, 1877)

布尔小笔螺属新腹足目核螺科。壳呈长卵形，表面光滑，稍膨胀，灰黄色，有褐色纵走弯曲的花纹。壳口长卵形，内有10条明显的肋纹。外唇较厚。内唇紧贴在螺轴上。前沟宽短。厣角质。布尔小笔螺栖息于潮间带泥沙滩或石块下。(图2-92和图2-93)

图2-92　布尔小笔螺

图2-93　布尔小笔螺

(30)**甲虫螺** *Cantharus cecillei*(Philippi, 1844)

甲虫螺属新腹足目土产螺科。壳呈纺锤形，表面有发达的纵肋和细的螺肋，缝合线呈波纹状。螺旋部呈圆锥形，体螺层膨大。壳口内面白色。外唇边缘具镶边。内唇具齿状突起。甲虫螺生活于潮间带至10 m水深的岩礁间。(图2-94)

图2-94 甲虫螺

（31）**侧平肩螺** *Japelion latus*（Dall, 1918）

侧平肩螺属新腹足目蛾螺科。壳呈长卵形，表面土黄色，被有淡黄色壳皮，并具弱的螺旋肋和细密的生长纹。缝合线明显，各螺层肩部具发达的领状龙骨。外唇缘较锐利。内唇薄，弧形。侧平肩螺生活于浅海沙泥底。（图2-95）

图2-95 侧平肩螺

（32）**褐管蛾螺** *Siphonalia spadicea*（Reeve, 1847）

褐管蛾螺属新腹足目蛾螺科。壳小，呈纺锤形，表面密布细螺肋，被有褐色壳皮。每螺层中部及体螺层上部扩张形成钝的肩部。上部螺层纵肋明显，至体螺层肩部几乎消失。壳口卵圆形。褐管蛾螺栖息于10～100 m水深的软泥底及泥沙底。（图2-96）

图2-96 褐管蛾螺

(33) **皮氏蛾螺** *Volutharpa perryi* (Jay, 1857)

皮氏蛾螺属新腹足目蛾螺科。壳薄，呈卵形，表面黄白色，被有黄褐色或黑褐色壳皮，壳皮上排列着细密的绒毛。体螺层膨大。壳口大，卵圆形。皮氏蛾螺生活于浅海泥沙底。(图2-97)

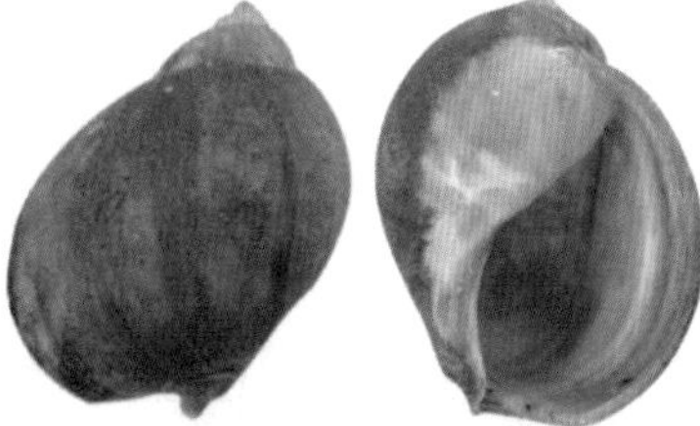

图2-97　皮氏蛾螺

(34) **黄海蛾螺** *Buccinum yokomaruae* Yamashiya & Habe, 1965

黄海蛾螺属新腹足目蛾螺科。壳表面淡黄色或黄褐色，具不规则色斑，被有密集的绒毛状壳皮；有明显细螺肋和纵行细线纹。壳口卵圆形，前沟宽短。黄海蛾螺生活于浅海泥沙底或软泥底。(图2-98)

图2-98　黄海蛾螺

(35) **香螺** *Neptunea cumingii* Crosse, 1862

香螺属新腹足目蛾螺科。壳大，厚，呈纺锤形，表面黄褐色，被有褐色壳皮。各螺层壳面中部和体螺层上部扩张形成肩角。基部数螺层的肩角具发达的棘状或鳞片状突起。壳口大，卵圆形。香螺栖息于数米至百米水深的沙泥底或岩礁底。(图2-99)

图2-99　香螺

(36) **秀丽织纹螺** *Nassarius festivus*(Powys, 1835)

秀丽织纹螺属新腹足目织纹螺科。壳表面淡黄色或褐色，具褐色螺带；有明显细螺肋和发达的纵肋，螺肋和纵肋交叉形成粒状突起。壳口卵圆形，前沟宽短。厣角质。秀丽织纹螺生活于潮间带至浅海泥沙底或软泥底。(图2–100和图2–101)

图2–100　秀丽织纹螺

图2–101　秀丽织纹螺

(37) **红带织纹螺** *Nassarius succinctus*(A. Adams, 1852)

红带织纹螺属新腹足目织纹螺科。壳呈纺锤形，表面光滑，黄白色，具红褐色带。体螺层红褐色带3条。近壳顶数螺层有明显的纵肋和细螺肋。缝合线明显。壳口内有3条红褐色带，并有6~7条肋纹。厣角质。红带织纹螺生活于潮间带至浅海数十米水深的沙或泥沙质底。(图2–102)

图2–102　红带织纹螺

(38) **纵肋织纹螺** *Nassarius variciferus* (A. Adams, 1852)

纵肋织纹螺属新腹足目织纹螺科。壳呈短尖锥形，表面淡黄色，饰有褐色云斑；具有规则排列的纵肋和细密的螺纹，纵肋和螺纹相互交织成布纹状。螺旋部高，缝合线深，各螺层有1~2条粗大的纵肿肋。外唇边缘有厚的镶边，内缘齿状突起6个。内唇薄。纵肋织纹螺栖息于潮间带泥沙质底。（图2-103）

图2-103　纵肋织纹螺

(39) **半褶织纹螺** *Nassarius sinarum* (Philippi, 1851)

半褶织纹螺属新腹足目织纹螺科。壳呈长卵形，表面黄白色，具明显的纵肋和细螺纹。体螺层具3条褐色带。壳口卵圆形，外唇内缘具齿状肋。半褶织纹螺栖息于潮间带泥或泥沙底。（图2-104）

图2-104　半褶织纹螺

(40) **伶鼬榧螺** *Oliva mustelina* Lamarck, 1811

伶鼬榧螺属新腹足目榧螺科。壳厚，呈长卵形，表面光滑无肋，黄褐色，具瓷质光泽。螺旋部低而短，壳顶稍尖。体螺层表面被有锯齿状栗色花纹。壳口窄长，内面淡紫色。伶鼬榧螺生活于潮间带至浅海泥沙底，可钻沙潜伏。（图2-105）

图2-105　伶鼬榧螺

图2-106　中国笔螺

(41) **中国笔螺** *Isara chinensis* (Gray, 1834)

中国笔螺属新腹足目笔螺科。壳呈纺锤形，表面灰黑褐色，被有壳皮。壳顶部数螺层和体螺层的基部有螺旋形沟纹，其余各螺层壳面光滑。缝合线细，明显。外唇简单，内唇中部有3~4个褶襞。中国笔螺生活于潮间带至水深50 m的岩石间。(图2-106)

(42) **金刚衲螺** *Sydaphera spengleriana* (Deshayes, 1830)

金刚衲螺属新腹足目衲螺科。壳呈长卵形，表面褐色或淡褐色，杂有紫褐色的斑块。整个壳表面具螺肋和纵肋。螺旋部高，每螺层上方形成肩角，纵肋在肩角处形成短的角状棘。外唇缘有细齿状缺刻。内唇有3个褶襞。金刚衲螺栖息于低潮线至20 m水深的沙底。(图2-107)

图2-107　金刚衲螺

(43) **白带三角口螺** *Scalptia scalariformis* (Lamarck, 1822)

白带三角口螺属新腹足目衲螺科。壳呈长锥形，表面黄褐色，肩部和壳底部为灰白色。每螺层上部具有1个台阶状肩部，并有粗大而圆钝的纵肋。体螺层中部有1条明显的白色环带。壳口小。白带三角口螺生活于低潮线下2~3 m水深的泥沙底。(图2-108)

图2-108　白带三角口螺

(44) 杰氏裁判螺 *Funa jeffreysii*（E. A. Smith，1875）

杰氏裁判螺又称杰氏卷管螺，属新腹足目西美螺科。壳细长，表面淡黄色，具黄褐色螺带、明显的纵肋和细密的螺肋。壳口内面淡褐色，外唇缺刻深。杰氏裁判螺栖息于浅海的泥沙底或软泥底。（图2–109）

图2–109　杰氏裁判螺

(45) 白带双层螺 *Duplicaria dussumierii*（Kiener，1837）

白带双层螺又称白带笋螺，属新腹足目笋螺科。壳长尖锥形，成体有螺层16个左右。壳表面淡黄褐色，肋间呈现褐色或紫褐色。光滑的纵肋排列整齐。各螺层上部的纵肋常较短小，下部纵肋发达。体螺层中部有1条白色环带。壳口狭小。白带双层螺生活于低潮线附近至10 m水深的沙底和沙泥底。（图2–110）

图2–110　白带双层螺

(46) 泥螺 *Bullacta caurina*（Benson, 1842）

泥螺属头楯目长葡萄螺科。壳薄而脆，卵圆形，略透明，表面白色，被有黄褐色壳皮，雕刻有细密的螺旋纹。螺旋部内旋。体螺层膨胀，其长度为壳的全长。生长纹明显，有时聚集呈肋状。壳口广阔，上部狭，底部扩张。外唇薄，上部弯曲，突出壳顶部，底部圆形。软体部呈灰黄色，略带淡红色，不能完全缩入壳内，略透明。足肥大，前端微凸，后端截断状。泥螺生活于潮间带泥沙质底，俗称“吐铁”，可用盐腌渍食用。（图2–111和图2–112）

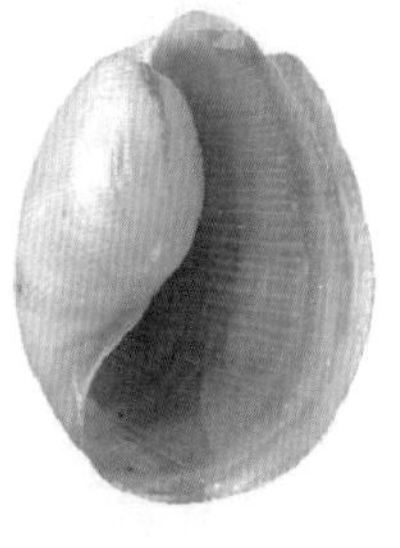
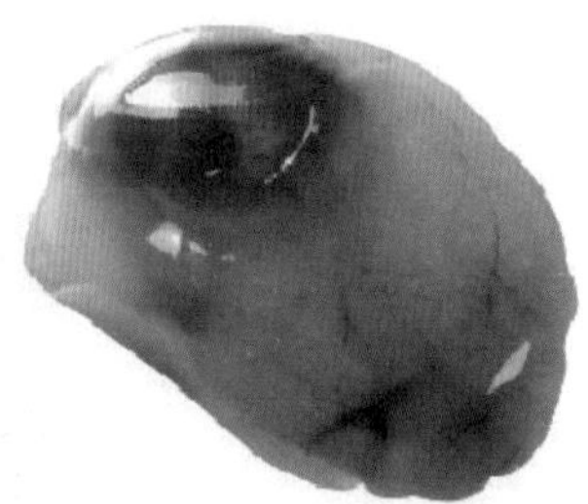

图2–111　泥螺

图2–112　泥螺

(47) 经氏壳蛞蝓 *Philine kinglipini* Tchang, 1934

经氏壳蛞蝓属头楯目壳蛞蝓科。外套膜发达，包被整个壳。壳卵圆形，体螺层大。身体分前后两部，前部为头盘，后部为内脏囊。侧足窄而肥厚，软体部白色或黄白色，透明。经氏壳蛞蝓生活于潮间带下区泥沙滩上。潮退后在滩涂上可以捡到。（图2–113）

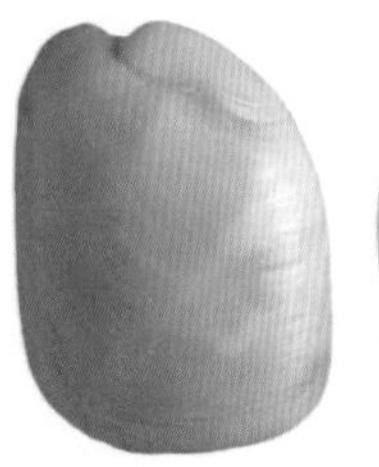
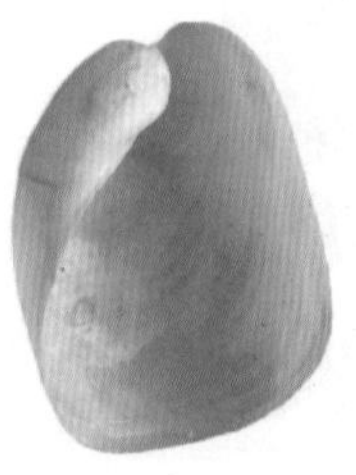
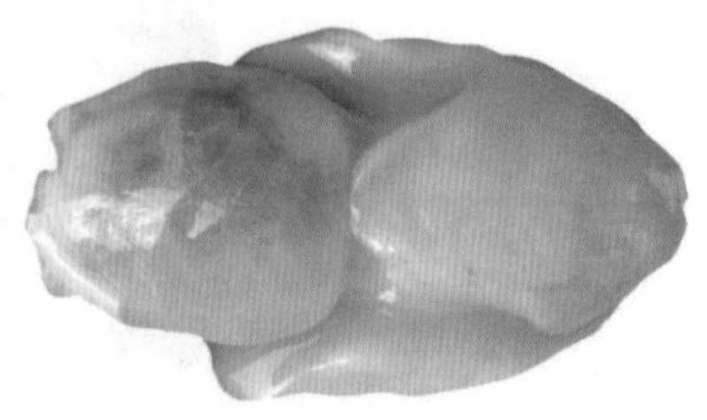

图2–113　经氏壳蛞蝓

(48) **斑纹无壳侧鳃** *Pleurobranchaea maculata* (Quoy & Gaimard, 1832)

斑纹无壳侧鳃又称蓝无壳侧鳃，属侧鳃目侧鳃科。身体呈椭圆形，相当肥厚；淡黄色，表面有紫色网状线。头幕大，呈扁形，前缘有许多小突起，前侧缘呈角状。口吻大，能翻出体外。外套膜覆盖背部约2/3，平滑，前端与头幕愈合，后端和足愈合，两侧游离。鳃羽状。斑纹无壳侧鳃春季交尾产卵。卵群呈螺旋带状，有胶质柄附着。肉食性，为浅海贝类养殖的敌害。（图2–114和图2–115）

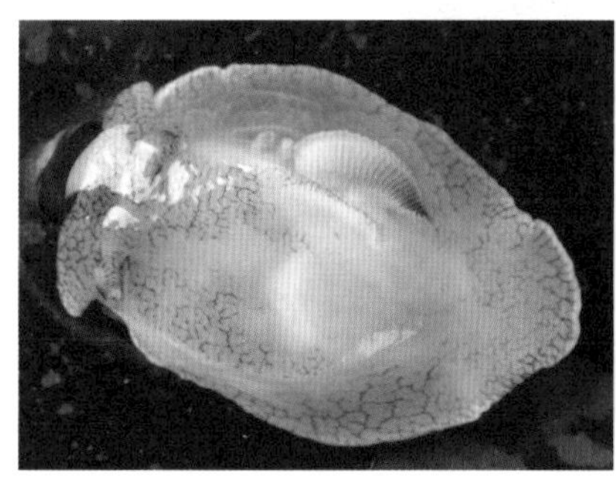

图2–114 斑纹无壳侧鳃

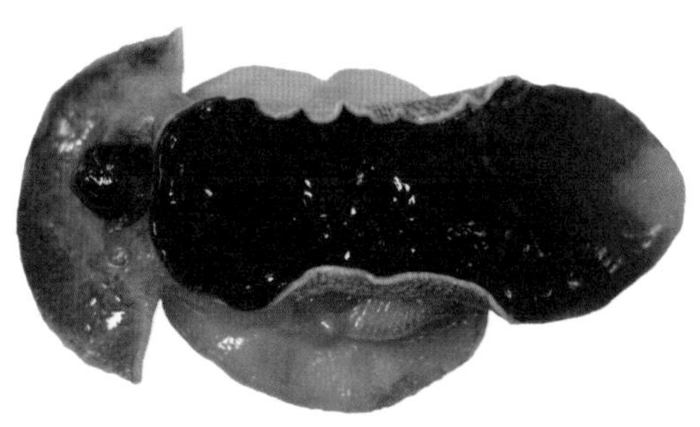

图2–115 斑纹无壳侧鳃

(49) **里氏石磺** *Onchidium reevesii* (Gray, 1850)

里氏石磺属收眼目石磺科。体中大型，呈圆锥形，长2~8 cm。外套膜极发达，遮盖足。背中部稍隆起，有大小不等的疣状突起，散布在中部的较大。皮肤被覆有骨针。头部有触角1对，位于身体前端。体呈灰褐色或土褐色，足底近白色。里氏石磺生活于潮间带高潮区滩涂上。（图2–116）

图2–116 里氏石磺

(50) **日本菊花螺** *Siphonaria japonica* (Donovan, 1824)

日本菊花螺属菊花螺目菊花螺科。壳呈笠状，结实，表面粗糙，黄白色、淡黄色或黄褐色。壳顶位于中央稍后，并向后倾斜。自壳顶向四周放射出粗肋。壳内周缘淡褐色，肌痕黑褐色，右侧水管沟较发达。日本菊花螺附着生活于潮间带高潮区的岩石上，潮水退后很少隐蔽。（图2–117）

图2-117　日本菊花螺

3. 掘足纲

变肋角贝 *Dentalium octangulatum* Donovan, 1804

变肋角贝又称八角角贝，属角贝目角贝科。壳弯曲，白色，具明显的纵肋。粗纵肋一般8~9个，粗纵肋间又有许多细小的纵肋。壳口八角形或九角形。变肋角贝栖息于低潮区及水深百米处的海底。（图2-118）

图2-118　变肋角贝

4. 双壳纲

（1）布氏蚶 *Tetrarca boucardi*（Jousseaume, 1894）

布氏蚶俗名牛蹄蛤，属蚶目蚶科。壳坚厚，呈舟形或牛蹄状，中部极膨胀。壳顶突出，向内卷曲。由壳顶至后腹端具有隆起脊。放射肋细密，生长纹明显。铰合部直而长。韧带面宽大，菱形，略凹。壳表面白色，具棕色壳皮及绒毛。壳内面白色或淡紫色。布氏蚶生活于潮间带至浅海，以足丝附着于他物上。肉可食用。（图2-119）

图2-119　布氏蚶

（2）**魁蚶** *Anadara broughtonii*（Schrenck，1867）

魁蚶俗名大毛蛤、赤贝、血贝、瓦楞子，属蚶目蚶科。壳大而坚厚，呈斜卵圆形。两壳等大。壳表面极凸，背缘直，前端及腹面边缘圆弧形，后端延伸。壳表面白色，被有褐色绒毛状壳皮。放射肋42~48条，无明显结节。壳内面灰白色，边缘具缺刻。铰合部直，有约70枚铰合齿。魁蚶生活于潮间带至浅海软泥或泥沙底。肉可食用。在市场上可买到大量人工养殖的魁蚶。（图2–120）

图2–120　魁蚶

（3）**毛蚶** *Anadara kagoshimensis*（Tokunaga，1906）

毛蚶属蚶目蚶科。壳坚厚，呈长卵圆形，中等大小。左壳稍大于右壳。背侧两端略显棱角，腹缘前端圆弧形，后端稍延长。壳表面白色，被有绒毛状壳皮。放射肋35条左右，左壳肋上具有小结节，生长纹在腹侧极明显。壳内面白色。壳缘具缺刻。铰合部直，前闭壳肌痕略呈马蹄形，后闭壳肌痕近卵圆形。毛蚶生活于浅海泥沙底。肉可食用。在市场上可买到大量人工养殖的毛蚶。（图2–121）

图2–121　毛蚶

（4）**泥蚶** *Tegillarca granosa*（Linnaeus，1758）

泥蚶又名粒蚶、血蚶，属蚶目蚶科。壳坚厚，呈卵圆形。两壳等大。韧带面宽，呈菱形。壳表面白色，被有褐色的壳皮。放射肋粗，18~22条，肋上具明显的结节。壳内面灰白色，边缘具缺刻。铰合部直。泥蚶生活于潮间带至浅海软泥或泥沙底内。肉可食用。在市场上可买到大量人工养殖的泥蚶。（图2–122）

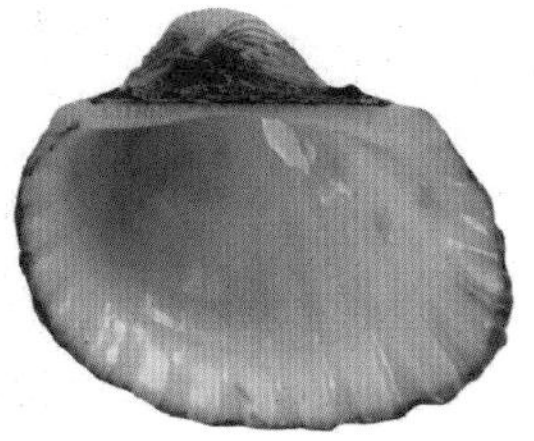

图2–122　泥蚶

（5）**褐蚶** *Didimacar tenebrica*（Reeve，1844）

褐蚶属蚶目细纹蚶科。壳小。两壳等大。背、腹缘稍直。前缘圆弧形，后缘稍向后倾斜。韧带面极窄，呈线状。壳表面白色，被有褐色壳皮。放射肋细密，生长纹明显。壳内面灰白色，具与壳表面相对应的放射肋纹。铰合部呈弓形。前、后闭壳肌痕均近卵圆形，大小相似。褐蚶生活于潮间带至浅海区沙泥底，用足丝附着于石砾上。肉可食用。（图2–123）

图2–123　褐蚶

（6）**紫贻贝** *Mytilus galloprovincialis* Lamarck，1819

紫贻贝俗称海虹，属贻贝目贻贝科。壳呈楔形，前端尖细，后端宽而圆。壳顶近壳的最前端。壳表面黑褐色，生长纹细而明显。壳内面灰白色，边缘蓝色。铰合部较长。紫贻贝栖息于低潮线附近至水深10 m左右的浅海。（图2–124和图2–125）

图2–124　紫贻贝

图2–125　紫贻贝

(7) **凸壳肌蛤** *Musculus senhousia* (Benson, 1842)

凸壳肌蛤属贻贝目贻贝科。壳小而薄脆，略呈三角形。壳表面具黄褐色或淡绿褐色壳皮，有褐色或淡紫色的放射线和波状纹。凸壳肌蛤用足丝附着于潮间带至水深20 m的泥沙底，常成群栖息，是良好的对虾饵料和家禽饲料。(图2–126)

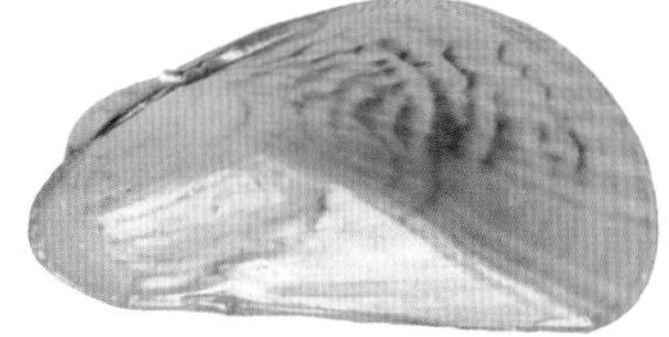

图2–126　凸壳肌蛤

(8) **云石肌蛤** *Musculus cupreus* (A. Gould, 1861)

云石肌蛤属贻贝目贻贝科。壳小，薄而脆，近椭圆形。前、后两部分放射肋明显，中区无放射肋。壳表面黄绿色或草绿色，具红褐色波状纹。云石肌蛤栖息于低潮线至浅海百米内。(图2–127)

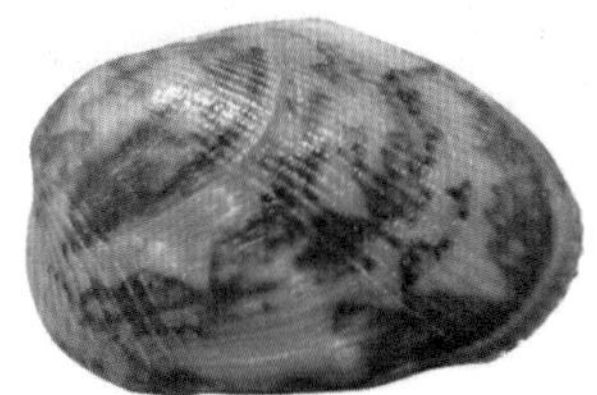
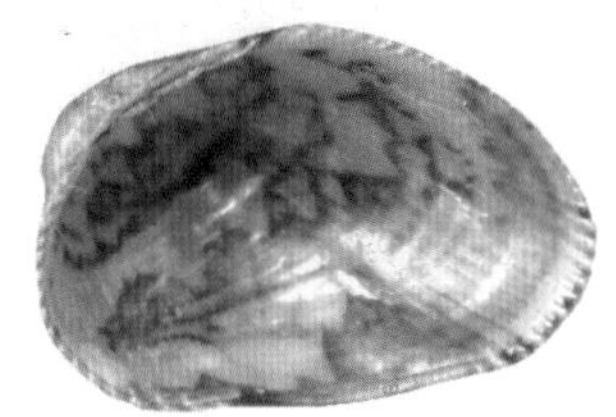

图2–127　云石肌蛤

(9) **麦氏偏顶蛤** *Modiolus modulaides* (Röding, 1798)

麦氏偏顶蛤属贻贝目贻贝科。壳薄，近三角形。壳顶偏前，壳顶至前方的距离约为铰合部长度的1/5。壳表面褐色，被有黄色绒毛状壳皮。麦氏偏顶蛤半埋栖于低潮线附近泥沙中，以足丝固着于沙砾上。(图2–128)

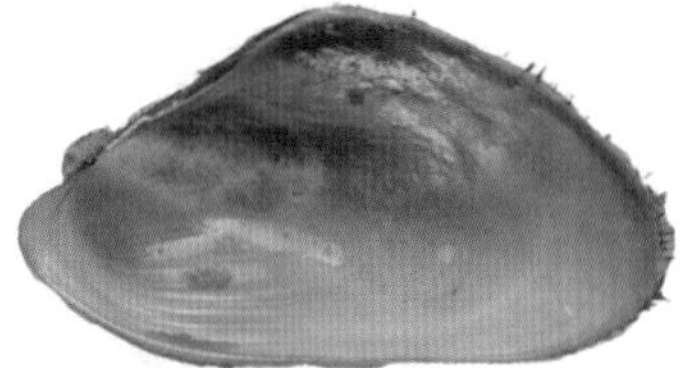

图2–128　麦氏偏顶蛤

(10) **黑荞麦蛤** *Xenostrobus atratus* (Lischke, 1871)

黑荞麦蛤属贻贝目贻贝科。壳较小，呈三角形，表面黑色，但在壳顶处多为白色或粉红色。黑荞麦蛤外形与紫贻贝很相似，常被误认为是紫贻贝的幼体。黑荞麦蛤遍布于潮间带中、上区的岩石上，多密集群居，可用小铲子铲取。其可作为家禽的饲料。(图2–129和图2–130)

图2-129　黑荞麦蛤

图2-130　黑荞麦蛤

（11）**栉孔扇贝** *Azumapecten farreri*（Jones & Preston，1904）

栉孔扇贝俗称扇贝、干贝蛤，属扇贝目扇贝科。壳圆扇形，壳高略大于壳长。右壳较平，左壳略凸。铰合部直。左壳有10余条、右壳约有20余条较粗的放射肋，肋上均有不规则的生长棘。前耳大于后耳。壳表面呈淡褐色、紫褐色、橘色、橘红色、灰白色等颜色，受环境影响较大。外韧带薄，内韧带发达。足丝孔位于右壳前耳腹面，并具有6~10枚细栉齿。栉孔扇贝生活于低潮线以下至60余米水深处，用足丝附着于礁石上或他物上。肉可食用，其闭壳肌的干制品名干贝。壳可作贝雕原料，为人工育苗、养殖的品种。（图2-131）

图2-131　栉孔扇贝

(12) **海湾扇贝** *Argopecten irradians* (Lamarck, 1819)

海湾扇贝属扇贝目扇贝科。左右壳均较凸。壳表面黄褐色。足丝孔浅，成体无足丝。放射肋20条左右，较宽而高起，放射肋上无棘。生长纹较明显。前耳大，后耳小。海湾扇贝为外来种，已成为我国沿海重要的养殖种类。其生活于温度和盐度较高的浅海沙底。(图2–132)

图2–132　海湾扇贝

(13) **虾夷盘扇贝** *Mizuhopecten yessoensis* (Jay, 1857)

虾夷盘扇贝属扇贝目扇贝科。壳大型，近圆形。右壳较凸，黄白色。左壳稍平，较右壳稍小，紫褐色。前、后耳大小相等，右壳前耳有浅的足丝孔。放射肋15~20条。右壳放射肋宽而低矮，肋间沟窄。左壳放射肋细，肋间沟宽。虾夷盘扇贝生活于温度较低、盐度较高的浅海。(图2–133)

图2–133　虾夷盘扇贝

（14）嵌条扇贝 *Pecten albicans*（Schröter, 1802）

嵌条扇贝属扇贝目扇贝科。壳半圆形。两壳不等大。左壳扁平，较小。右壳凸。前、后耳略等。左壳同心生长纹极细密，主放射肋8~12条，肋间沟宽。右壳生长纹细密，放射肋10~12条，肋间沟稍窄。左壳表面橘黄色或近紫色，右壳表面白色。铰合线直。嵌条扇贝栖息于50 m左右水深的泥底，在低潮线石块上偶可发现。（图2–134）

图2–134　嵌条扇贝

（15）中国不等蛤 *Anomia chinensis* Philippi, 1849

中国不等蛤属扇贝目不等蛤科。壳薄而脆，近圆形或椭圆形。左壳大且较凸，生活时位于上方。右壳小，较平，生活时位于下方。壳顶不突出，位于背缘中央。壳缘常有不规则的波状弯曲。铰合部狭窄，无齿的分化。右壳近壳顶有一卵圆形足丝孔。左壳表面白色或金黄色。壳内面具珍珠光泽。中国不等蛤以足丝固着于潮间带20 m水深的岩礁上或牡蛎壳上，为牡蛎养殖敌害。（图2–135和图2–136）

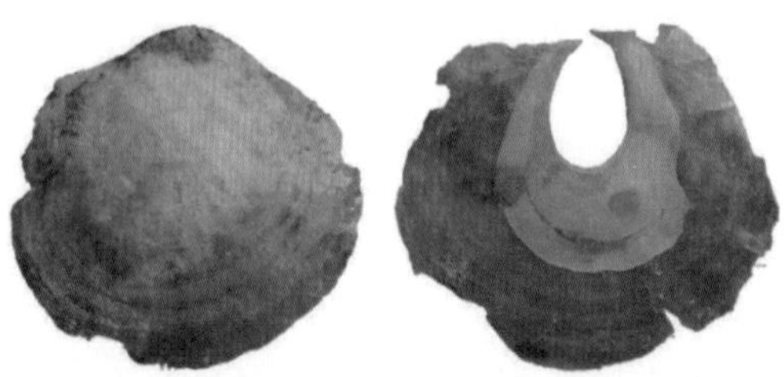

图2–135　中国不等蛤

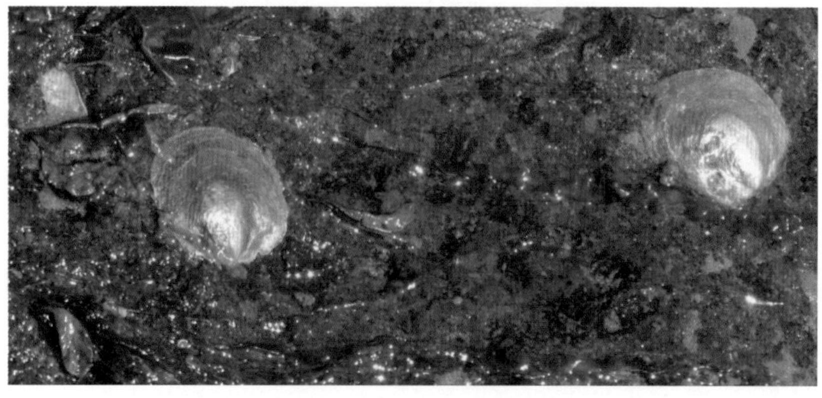

图2–136　中国不等蛤

（16）**栉江珧** *Atrina pectinata*（Linneus, 1767）

栉江珧属牡蛎目江珧科。壳大，呈扇形或三角形。壳顶尖细。背缘直或略凹。腹缘前半部略直，后半部突出。韧带发达。壳表面绿褐色，有10余条放射肋。肋上具有略斜向后方的三角形小棘。壳内面具珍珠光泽。后闭壳肌痕位于壳中部。栉江珧以足丝固着生活，栖息于低潮线以下至20 m水深的浅海。肉可食用，闭壳肌即为江珧柱。壳是贝雕原料。我国已开展栉江珧人工育苗养殖，在市场上可买到商品贝。（图2–137）

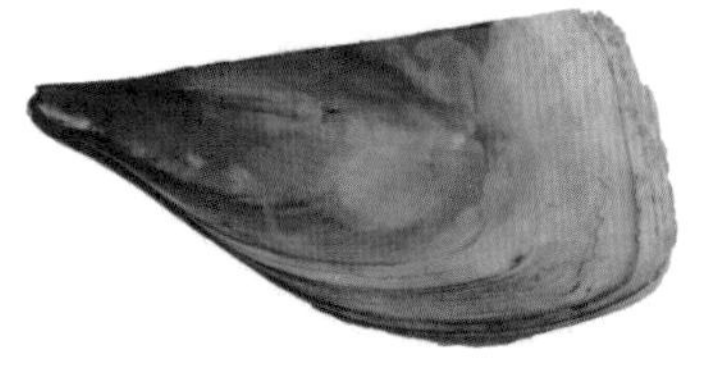

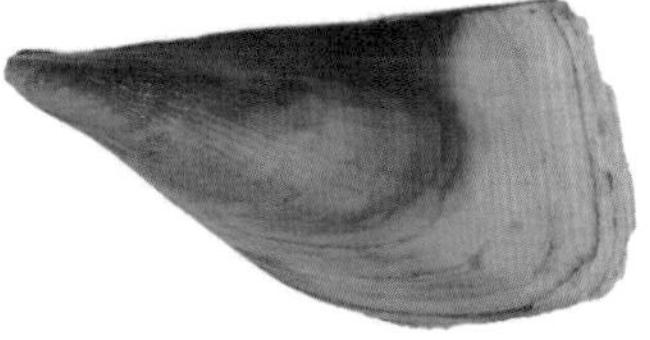

图2–137　栉江珧

（17）**长牡蛎** *Crassostrea gigas*（Thunberg, 1793）

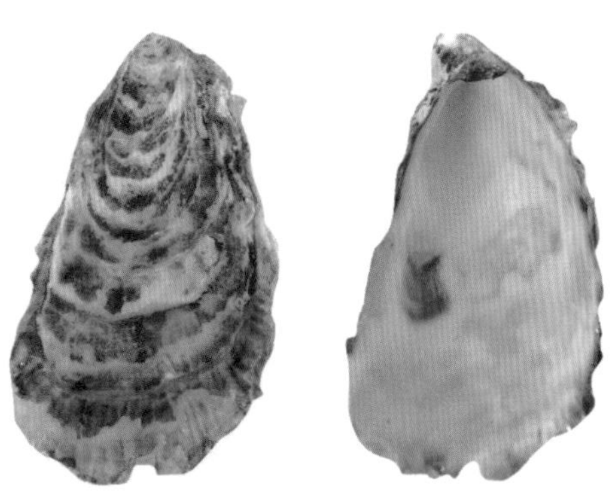

图2–138　长牡蛎

长牡蛎俗称蛎黄、海蛎子、大连湾牡蛎、太平洋牡蛎，属牡蛎目牡蛎科。壳较小，形状多变化，多近三角形。长牡蛎左壳凹，以左壳固着。右壳较平。右壳表面具有多层同心环状鳞片，壳缘锋利，放射肋不明显。幼贝鳞片层末端边缘伸出许多舌状凸片或尖棘，成体棘渐渐减少。壳表面灰白色，杂有紫褐色或黑色条纹。左壳具粗壮的放射肋，鳞片层较少。壳内面白色。长牡蛎固着生活于自高潮线至浅海区礁石或其他物体上。其肉味鲜美，营养丰富，为养殖品种。（图2–138和图2–139）

图2–139　长牡蛎

(18)**近江牡蛎** *Crassostrea ariakensis*(Fujita, 1913)

近江牡蛎俗称红蚝，属牡蛎目牡蛎科。壳大，近圆形，表面黄褐色或灰色。闭壳肌微红色，肌痕白色。近江牡蛎有群居习性，生活于潮下带至浅海，河流入海一带数量多。(图2-140)

图2-140 近江牡蛎

(19)**熊本牡蛎** *Crassostrea sikamea*(Amemiya, 1928)

熊本牡蛎属牡蛎目牡蛎科。个体较小。左壳大于右壳。壳表面青灰色或灰白色，同心生长纹粗糙，放射肋不明显。熊本牡蛎固着生活于潮间带岩石或其他物体上，在我国分布的最北界为南通海域。其在蛎岈山处资源丰富，形成牡蛎礁。(图2-141和图2-142)

图2-141 熊本牡蛎

图2-142 熊本牡蛎

（20）**猫爪牡蛎** *Talonostrea talonata* Li & Qi，1994

猫爪牡蛎属牡蛎目牡蛎科。壳小而薄。右壳平，黄色或紫色，有的具黑紫或黑色放射带；表面光滑，鳞片宽而平。左壳固着面小，有放射肋5～8条，肋常突出壳缘形成缺刻，肋面具短棘，形似猫爪。本种因此得名。壳内面淡紫色或白色。猫爪牡蛎固着生活于潮间带中下区和潮下带沙滩或泥沙滩的石块上。（图2－143）

图2－143　猫爪牡蛎

（21）**密鳞牡蛎** *Ostrea denselamellosa* Lischke，1869

密鳞牡蛎俗名走蛎子、钳蛎子，属牡蛎目牡蛎科。壳大而坚厚，近圆形。右壳较平，表面布有薄而细密的鳞片，颜色以灰为底色，杂以紫色、褐色、青色等。左壳稍大而凹陷，鳞片疏而粗，放射肋粗大，表面紫红色、褐黄色或青色。铰合部狭窄。壳内面白色。壳顶两侧各有1列小齿。密鳞牡蛎以左壳固着于低潮线以下数米至十数米岩石或他物上生活。（图2－144）

图2－144　密鳞牡蛎

（22）**加州扁鸟蛤** *Keenocardium californiense*（Deshayes，1839）

加州扁鸟蛤属鸟蛤目鸟蛤科。壳大型，侧扁而坚厚，呈圆形。壳顶位于近中央。壳表面有褐色壳皮。放射肋粗，有38条左右，其上无绒毛。生长纹明显。外韧带发达，黑色。加州扁鸟蛤在冷水团的范围内数量最多，是底栖生物中的优势种。（图2－145）

图2－145　加州扁鸟蛤

（23）**滑顶薄壳鸟蛤** *Fulvia mutica*（Reeve，1844）

滑顶薄壳鸟蛤俗称鸟贝，属鸟蛤目鸟蛤科。壳薄脆，近圆形，长稍大于高。壳表面极凸，黄白色或略带黄褐色。放射肋46～49条，沿放射肋着生绒毛样壳皮。壳内面白色或肉红色。滑顶薄壳鸟蛤生活于潮间带至数十米水深的浅海。（图2–146）

图2–146　滑顶薄壳鸟蛤

（24）**彩虹明樱蛤** *Iridona iridescens*（Benson，1842）

彩虹明樱蛤属鸟蛤目樱蛤科。壳较小，近椭圆形。壳表面白色或粉红色，具光泽，生长纹细密，有放射状色带。彩虹明樱蛤生活于潮间带至浅海软泥底或沙泥底。（图2–147）

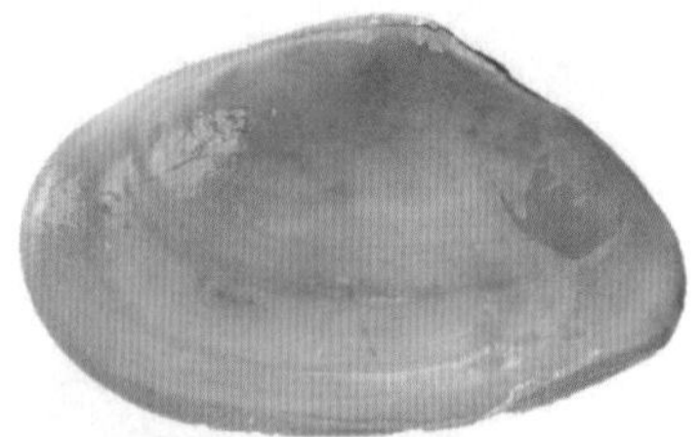

图2–147　彩虹明樱蛤

（25）**细长白樱蛤** *Praetextellina praetexta*（Martens，1865）

细长白樱蛤属鸟蛤目樱蛤科。壳卵圆形，表面白色或红色。生长纹较粗糙，形成颜色深浅不一的同心纹。两壳外套窦形状相似，但不等大。右壳外套窦较短，约1/2与外套线愈合，顶端较圆。左壳外套窦较长，约1/3与外套线愈合。细长白樱蛤栖息于潮间带至浅海10～50 m水深的沙底。（图2–148）

图2–148　细长白樱蛤

（26）**粗异白樱蛤** *Heteromacoma irus*（Hanley，1845）

粗异白樱蛤又称烟台腹蛤，属鸟蛤目樱蛤科。壳厚，近卵圆形。两壳几乎等大。壳表面生长纹粗糙。壳顶低平，前倾，位于背部近中央处。两壳小月面不等大，左壳上的更大。粗异白樱蛤栖息于潮间带至40 m水深的粗沙和砾石底。（图2–149）

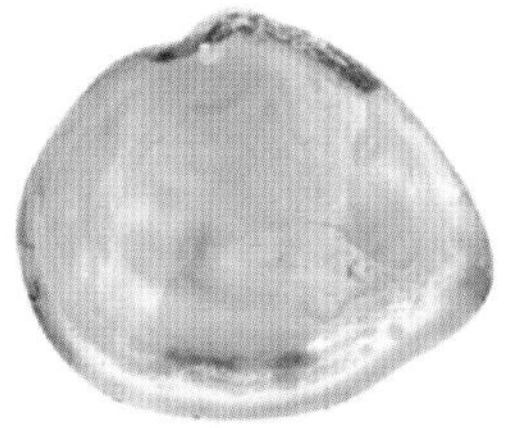

图2–149　粗异白樱蛤

（27）**紫彩血蛤** *Nuttallia obscurata*（Reeve，1857）

紫彩血蛤属鸟蛤目紫云蛤科。壳近圆形。两壳不等大。右壳较扁平，左壳凸。壳顶位于背部中央之前。壳皮厚，具光泽，常呈棕色、棕黄色或橄榄色，并具有深浅不一的同心色带。壳内面紫色。外套窦宽而长，几乎与外套线愈合。紫彩血蛤栖息于河口附近的潮间带沙滩，埋深30～50 cm。（图2–150）

图2–150　紫彩血蛤

（28）**总角截蛏** *Solecurtus divaricatus*（Lischke，1869）

总角截蛏属鸟蛤目截蛏科。壳较厚，呈长方形。壳表面粗糙，有放射肋20余条。足极发达，呈舌状。足和水管都不能完全缩入壳内。总角截蛏穴居于潮间带近低潮线沙滩底内，埋栖较深。（图2–151）

图2–151　总角截蛏

(29) **大竹蛏** *Solen grandis* Dunker, 1862

大竹蛏属贫齿目竹蛏科。壳大，薄而脆，圆柱状。壳表面被有具光泽的黄色壳皮，有明显的同心生长纹。壳前缘截形，后缘近圆弧形。大竹蛏栖息于潮间带中、下区到潮下带的浅水区以沙为主的沉积环境中。(图2-152)

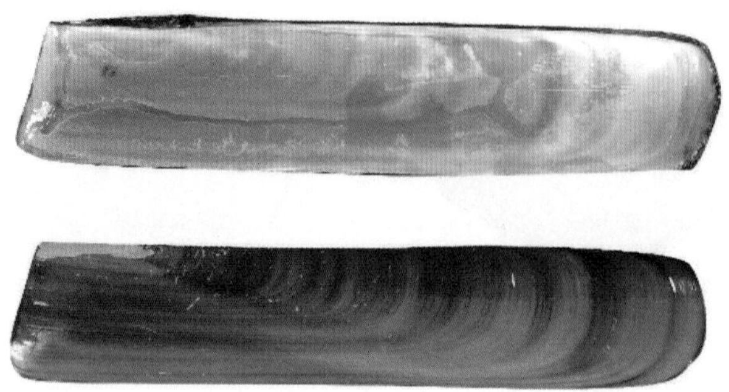

图2-152　大竹蛏

(30) **长竹蛏** *Solen strictus* Gould, 1861

长竹蛏又称直竹蛏，属贫齿目竹蛏科。壳呈圆柱状，壳长为壳高的6~7倍。壳表面光滑，被有黄褐色壳皮，壳皮脱落处为白色。壳顶位于最前端。铰合部小，每壳有1枚主齿。长竹蛏穴居于沙泥底内。(图2-153)

图2-153　长竹蛏

(31) **缢蛏** *Sinonovacula constricta* (Lamarck, 1818)

缢蛏属贫齿目刀蛏科。壳薄，近长方形，前、后缘圆弧形。壳表面被有黄绿色壳皮，生长纹较粗糙。自壳顶到腹缘有1条斜的缢沟。缢蛏生活于河口区软泥底中。(图2-154)

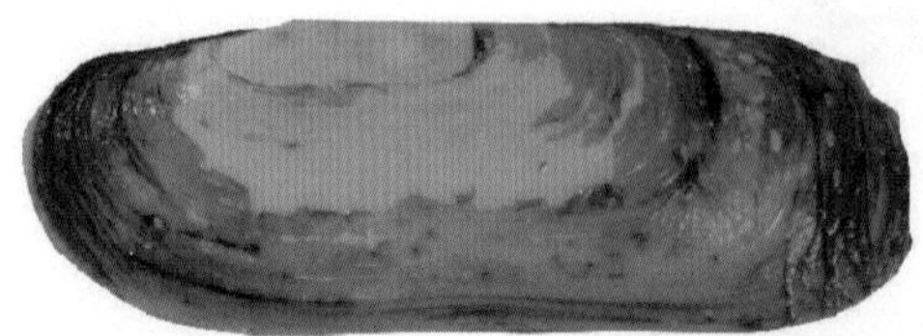
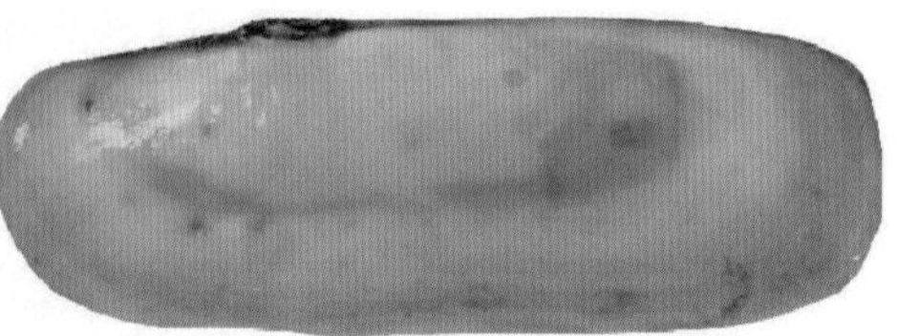

图2-154　缢蛏

(32) **小荚蛏** *Siliqua minima* (Gmelin, 1791)

小荚蛏属贫齿目刀蛏科。壳较小，薄而脆，近椭圆形。壳表面平滑，黄白色，生长纹细密。壳内面白色。自壳顶到前腹缘有1条放射肋。外套窦浅。小荚蛏生活于潮间带到30 m水深的泥沙底。(图2-155)

图2-155　小荚蛏

(33) **东方缝栖蛤** *Hiatella arctica* (Linnaeus, 1767)

东方缝栖蛤属贫齿目缝栖蛤科。壳小，卵圆形，被有褐色壳皮，生长纹明显，无放射肋。壳顶位于前端背侧，壳前、后缘均为圆弧形。外韧带黄褐色。壳内面白色，具珍珠光泽。东方缝栖蛤附着于岩礁和海藻根上，或附着在养殖海带、牡蛎、扇贝等的浮绠上。(图2-156和图2-157)

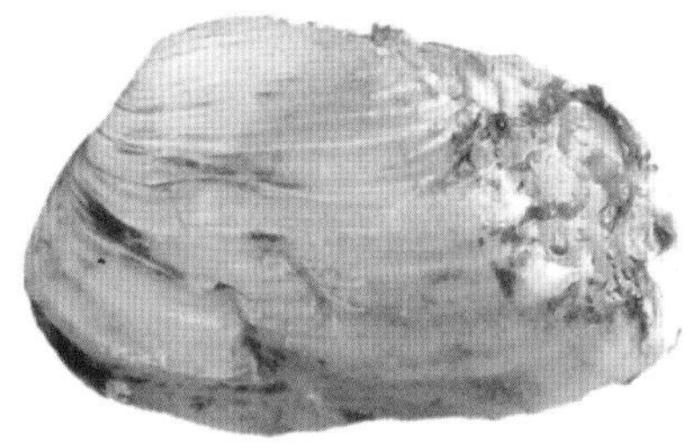

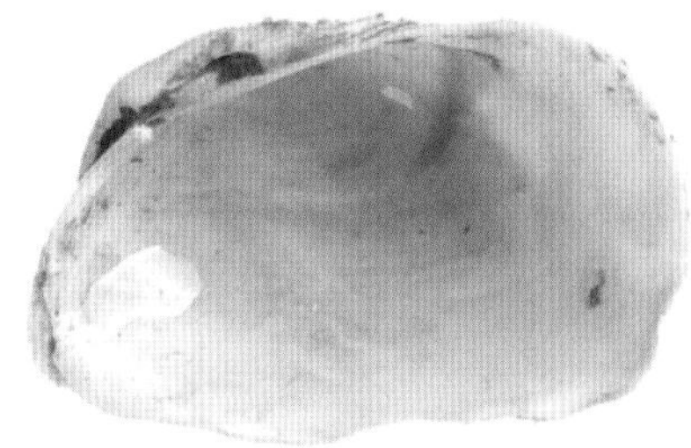

图2-156　东方缝栖蛤

图2-157　东方缝栖蛤

(34) **纹斑棱蛤** *Neotrapezium liratum* (Reeve, 1843)

纹斑棱蛤亦作斑纹棱蛤，属帘蛤目棱蛤科。壳近长方形。壳顶低，靠近前方，壳腹缘凸。壳表面生长纹粗糙。纹斑棱蛤用足丝附着于潮间带石隙间。(图2-158)

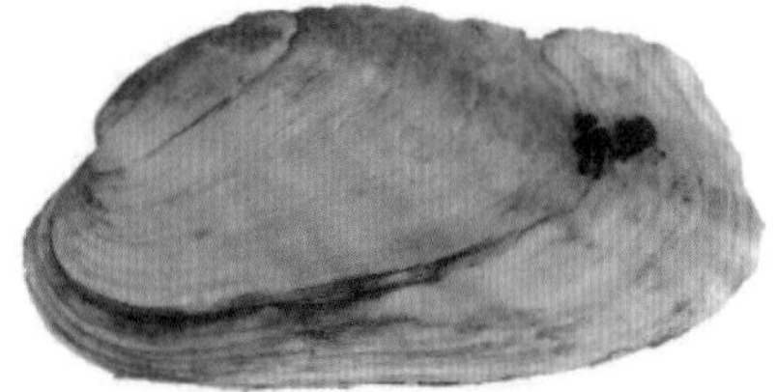

图2-158　纹斑棱蛤

(35) **硬壳蛤** *Mercenaria mercenaria* (Linnaeus, 1758)

硬壳蛤又称薪蛤，属帘蛤目帘蛤科。壳坚硬，厚重，表面灰褐色，有同心色带、同心刻纹和放射刻纹。壳内缘具齿状缺刻。硬壳蛤栖息于潮下带至浅海泥沙底。(图2-159和图2-160)

图2-159　硬壳蛤

图2-160　硬壳蛤

(36) **江户布目蛤** *Leukoma jedoensis*（Lischke，1874）

江户布目蛤属帘蛤目帘蛤科。壳中等大小，坚厚，卵圆形，表面土黄色或黄棕色。放射肋发达，与细的生长纹相交呈布目状。江户布目蛤栖息于潮间带至20 m水深混有砾石的泥沙底。（图2–161）

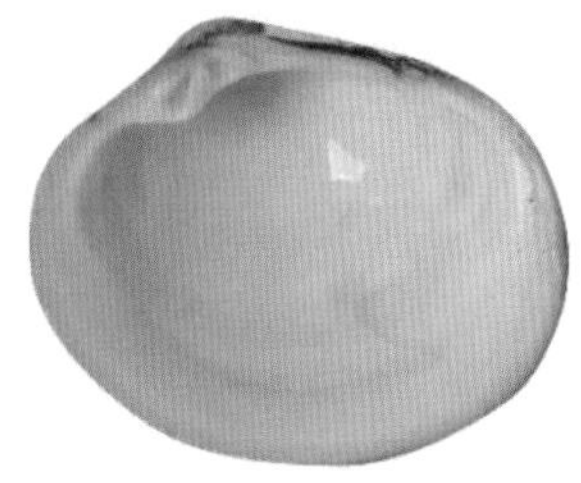

图2–161　江户布目蛤

(37) **日本镜蛤** *Dosinia japonica*（Reeve，1850）

日本镜蛤属帘蛤目帘蛤科。壳近圆形，侧扁，长略大于高，背缘前端凹入，后端呈截形，腹缘圆弧形。壳顶小，尖端向前弯曲。小月面凹，呈心形。楯面狭长，呈披针状。外韧带陷入两壳之间。白色生长纹明显。铰合部宽。两壳各具主齿3枚。外套窦深。日本镜蛤埋栖于潮间带中区至浅海20余米的泥沙底内。（图2–162）

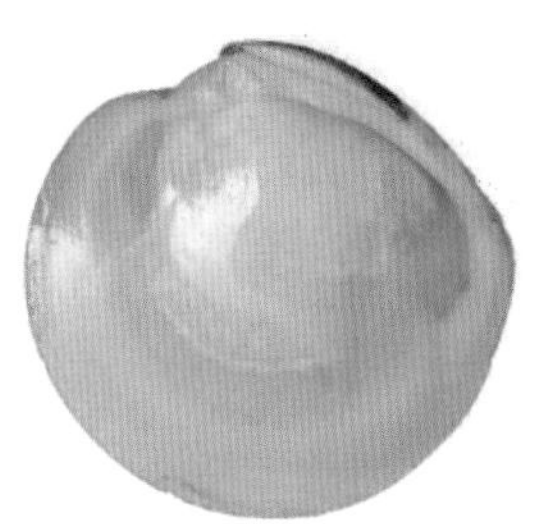

图2–162　日本镜蛤

(38) **饼干镜蛤** *Dosinia biscocta*（Reeve，1850）

饼干镜蛤属帘蛤目帘蛤科。壳中等大小，坚硬，近圆形，高等于或大于长。壳顶较尖，位于壳前方约1/3处，壳顶完全指向前方。腹缘呈半圆弧形。壳表同心肋在前部呈皱褶状。壳内面白色。外套窦深，尖，呈锐三角形。主齿3枚，极发达。饼干镜蛤生活于潮间带至潮下带浅海沙底。（图2–163）

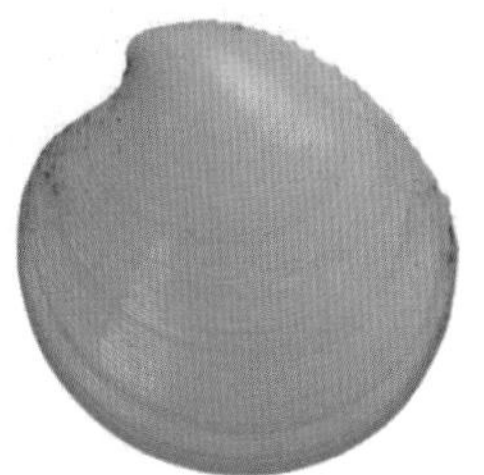
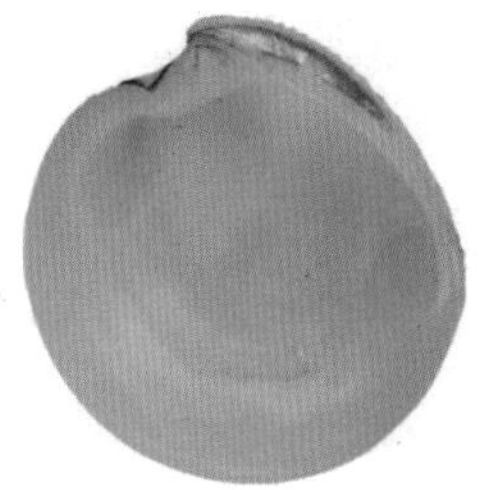

图2–163　饼干镜蛤

(39) **薄片镜蛤** *Dosinia corrugata*（Reeve，1850）

薄片镜蛤属帘蛤目帘蛤科。壳中等大小，略呈四边形。壳顶平。壳表面白色或肉灰色，同心肋密集且低平。楯面特别狭长，韧带褐色。壳内面白色或者肉色。外套窦深，指状。薄片镜蛤生活于潮间带中、下区泥沙底。（图2–164）

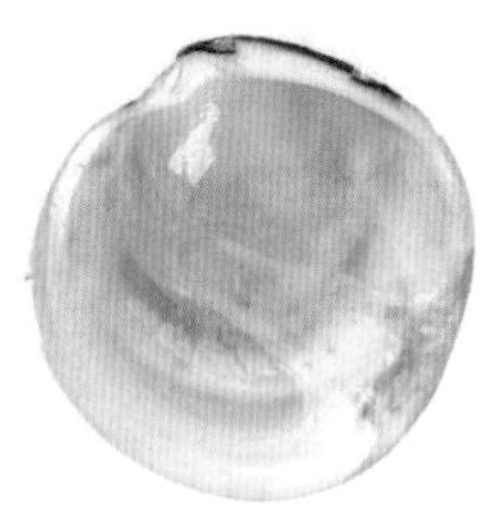

图2–164　薄片镜蛤

(40) **等边浅蛤** *Macridiscus multifarius* L. F. Kong, Matsukuma & Lutaenko，2012

等边浅蛤属帘蛤目帘蛤科。壳坚厚，近三角形，前端圆弧形，后端略呈截形。壳表面光滑，具光泽，通常具有3条棕色的放射状排列的条带。同心肋细弱，在后背区明显。壳内面白色或黄色。等边浅蛤生活于潮间带中潮区至潮下带沙底。（图2–165）

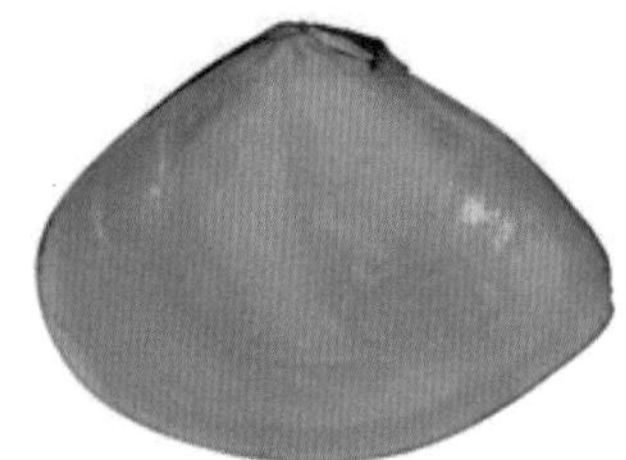

图2–165　等边浅蛤

(41) **紫石房蛤** *Saxidomus purpurata*（Sowerby Ⅱ，1852）

紫石房蛤俗称天鹅蛋，属帘蛤目帘蛤科。壳大型，膨胀。壳顶较平，位于背部中央稍靠前方。壳前缘圆钝；腹缘长，弧度小，略显平直。壳表面棕黑色或黑灰色。幼体生长纹较平，成体生长纹逐渐增高。韧带褐色，粗大。成体壳内面紫色，外套窦较深。紫石房蛤生活于4～20 m水深的粗沙底、砾石底。（图2–166）

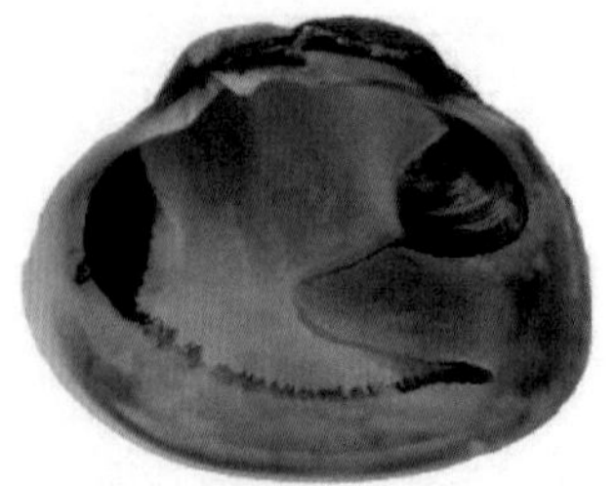

图2–166　紫石房蛤

(42) **短文蛤** *Meretrix petechialis* (Lamarck, 1818)

短文蛤属帘蛤目帘蛤科。壳坚厚，近三角形，表面光滑，被有光泽的淡棕色壳皮，花纹变化大。两壳各具主齿3枚。右壳前侧齿2枚。左壳前侧齿1枚。短文蛤生活于潮间带至浅海沙泥底。(图2-167和图2-168)

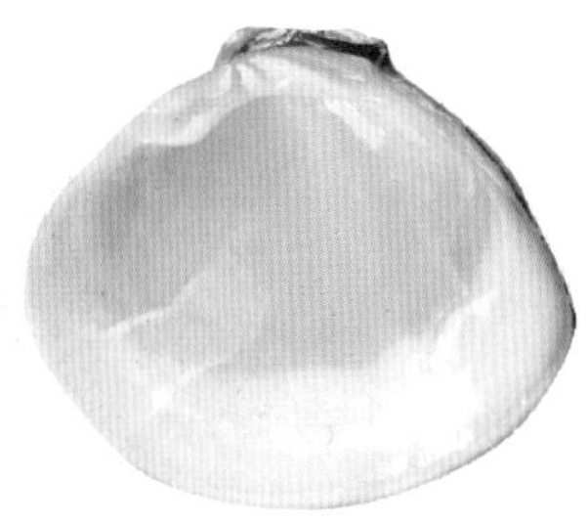

图2-167　短文蛤

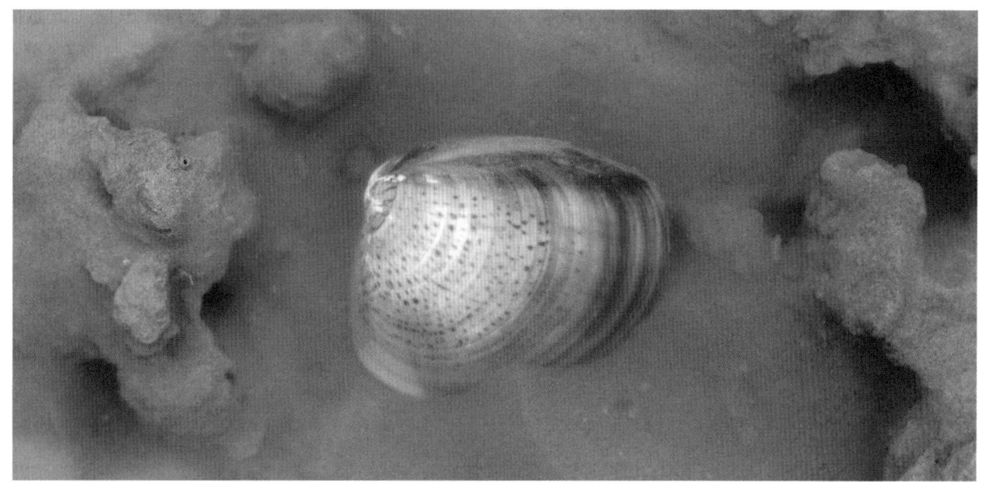

图2-168　短文蛤

(43) **青蛤** *Cyclina sinensis* (Gmelin, 1791)

青蛤属帘蛤目帘蛤科。壳膨圆，近圆形，长和高几乎相等。壳顶突起。无小月面。生长纹清楚。壳内面周缘呈紫色，有齿。韧带黄褐色，不突出壳面。左、右两壳各具主齿3枚。青蛤生活于泥沙底。(图2-169)

图2-169　青蛤

（44）**菲律宾蛤仔** *Ruditapes philippinarum*（A. Adams & Reeve，1850）

菲律宾蛤仔属帘蛤目帘蛤科。壳呈长卵圆形，灰黄色或褐色，具有花纹。菲律宾蛤仔从潮间带到10余米水深海底均有分布，喜埋栖于有淡水流入、波浪平静的内湾中的沙底或泥沙底内。山东沿海产量很大。其肉味鲜美，是我国沿海重要的养殖种类。（图2–170）

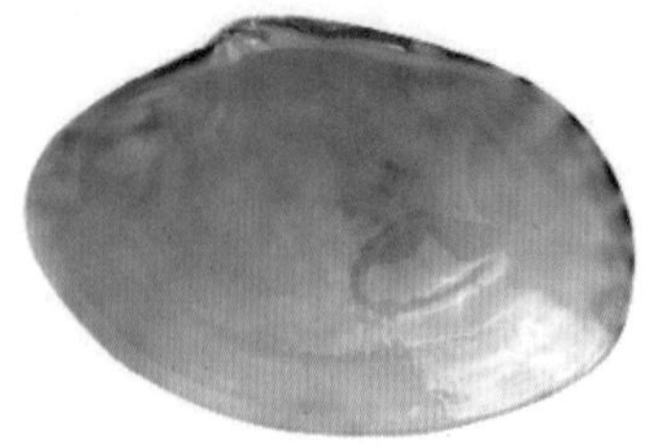

图2–170　菲律宾蛤仔

（45）**薄壳和平蛤** *Clementia papyracea*（Gmelin，1791）

薄壳和平蛤属帘蛤目帘蛤科。壳大，薄而脆，长与高几乎相等。壳表面黄白色，生长纹细，排列不规则，另有波状同心肋。薄壳和平蛤生活于潮间带的下区及数米水深的浅海泥沙底。（图2–171）

图2–171　薄壳和平蛤

（46）**中国蛤蜊** *Mactra chinensis* Philippi，1846

中国蛤蜊俗称黄蚬子、沙蛤、飞蛤，属帘蛤目蛤蜊科。壳较厚，呈长圆形。壳的前、后缘均略尖，腹缘弧形。壳表面被有黄色壳皮。同心生长纹不甚规则，在接近边缘处较粗，形成浅的同心沟，故又称凹线蛤蜊。中国蛤蜊营埋栖生活，主要生活于潮间带中区的沙质环境。其分布可延伸到水深60 m以内的浅海。（图2–172）

图2–172　中国蛤蜊

(47) 四角蛤蜊 *Mactra quadrangularis* Reeve, 1854

四角蛤蜊俗称白蛤，属帘蛤目蛤蜊科。壳坚厚，近似四边形。左右壳等大，都极度膨大。壳表面无放射肋，具细密的同心生长纹。壳顶部白色或淡紫色，近腹缘黄褐色，边缘常有黑色带。左右壳各具主齿2枚，左壳排成"人"字形，右壳"八"字形。四角蛤蜊壳长不超过5 cm，埋栖于沙泥底内。（图2–173）

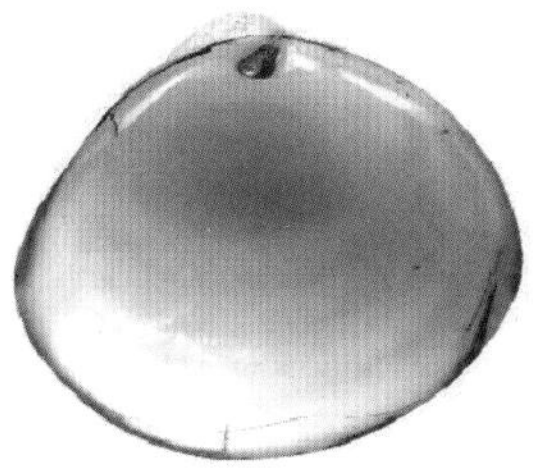

图2–173　四角蛤蜊

(48) 西施舌 *Mactra antiquata* Spengler, 1802

西施舌属帘蛤目蛤蜊科。壳大而薄，近三角形，表面光滑，无放射肋，生长纹密致。壳顶部淡紫色，腹部黄褐色，具壳皮。西施舌埋栖于浅海泥沙底内。（图2–174）

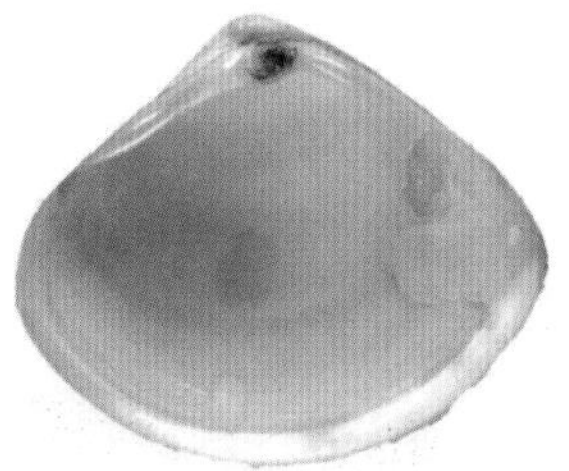

图2–174　西施舌

(49) 砂海螂 *Mya arenaria* Linnaeus, 1758

砂海螂属海螂目海螂科。壳大，呈长圆形，前后端均开口，被有褐色壳皮。壳皮常脱落而呈白色。生长纹粗糙。无放射肋。铰合部无齿。右壳壳顶有一三角形的槽。左壳有一突出的石灰质薄片，此为韧带附着处。砂海螂埋栖于低潮线至数米水深的浅海泥底内。（图2–175）

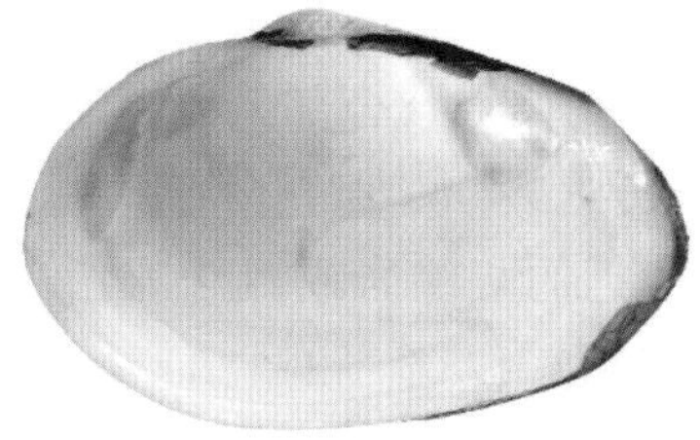

图2–175　砂海螂

(50) 光滑河篮蛤 *Potamocorbula laevis* (Hinds, 1843)

光滑河篮蛤属海螂目篮蛤科。壳小，呈三角形或长卵圆形，被有黄褐色壳皮。左壳小，右壳大而膨胀。壳表面光滑，无放射肋，生长纹细密。壳内面白色。光滑河蓝蛤生活于河口区潮间带或浅海泥底。（图2-176）

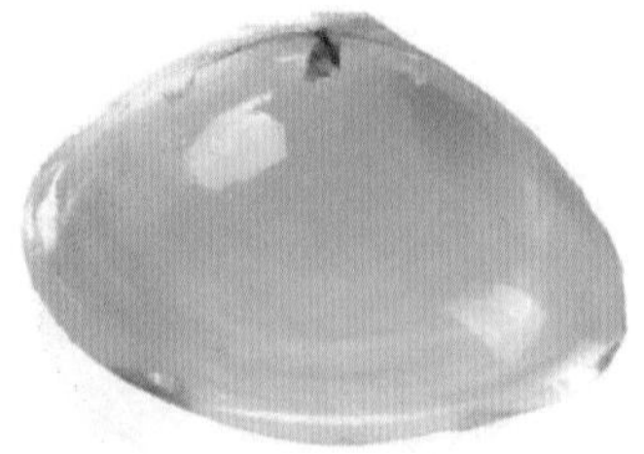

图2-176　光滑河篮蛤

(51) 焦河篮蛤 *Potamocorbula nimbosa* (Hanley, 1843)

焦河篮蛤属海螂目篮蛤科。壳厚而坚硬，近似等腰三角形，被有黄褐色的壳皮。两壳不等大。左壳腹缘平直。右壳腹缘的中、后部明显卷包在左壳缘之上。壳内面灰白色。焦河篮蛤生活于河口及浅海。（图2-177）

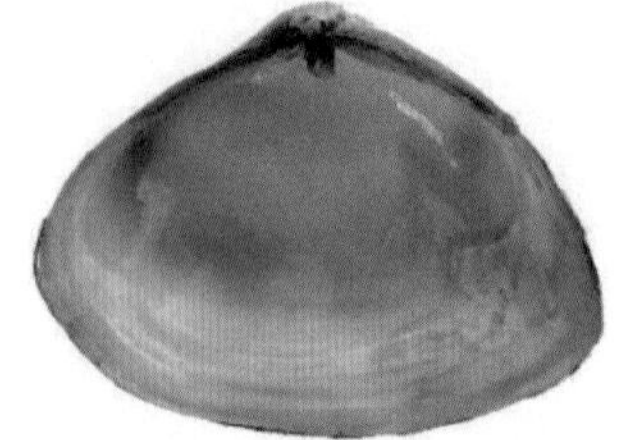

图2-177　焦河篮蛤

(52) 脆壳全海笋 *Barnea fragilis* (G. B. Sowerby Ⅱ, 1849)

脆壳全海笋属海螂目海笋科。壳脆，白色，略呈椭圆形，前、后端开口，前端膨大，后端渐尖细。壳高度与宽度几乎相等，约为长度的2/5。壳表面具有同心肋和放射肋，放射肋只在前部。铰合部无齿和韧带。壳长可达5 cm。脆壳全海笋在低潮线附近的灰缘岩或风化岩凿穴而居。（图2-178至图2-180）

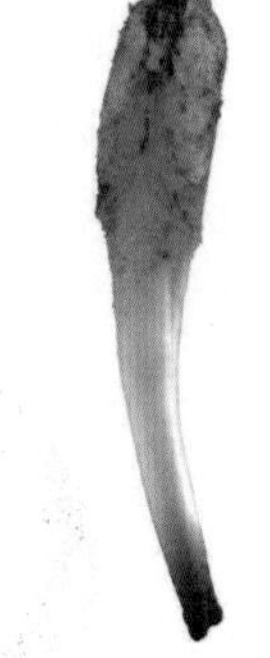

图2-178　脆壳全海笋

图2-179　脆壳全海笋

图2-180　脆壳全海笋

（53）**宽壳全海笋** *Barnea dilatata*（Souleyet，1843）

宽壳全海笋属海螂目海笋科。壳宽大，前端尖，后端截形，高度约为长度的3/5，宽度约为长度的1/2。壳表面白色。肋在前端最强，前部近腹缘同心肋与放射肋的交织点形成棘。壳长可达9 cm。宽壳全海笋生活于浅海软泥滩内。（图2-181）

图2-181　宽壳全海笋

（54）吉村马特海笋 *Aspidopholas yoshimurai* Kuroda & Termachi，1930

吉村马特海笋属海螂目海笋科。壳较小，呈卵圆形，白色。原板很大，呈鞍状，长达壳长的3/4。无中板。后板呈披针状。腹板呈箭头状。成体长约3 cm。吉村马特海笋生活于潮间带下区及低潮线附近石灰岩中。（图2-182）

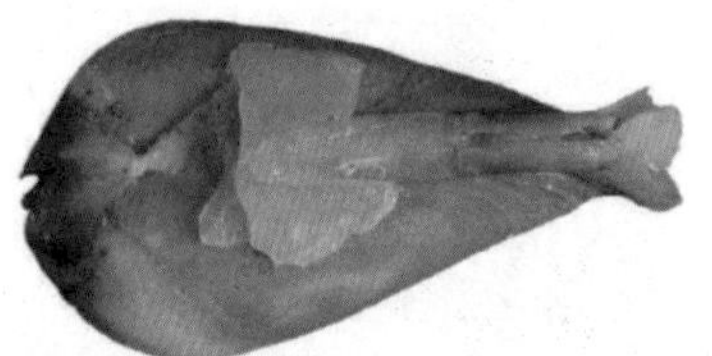
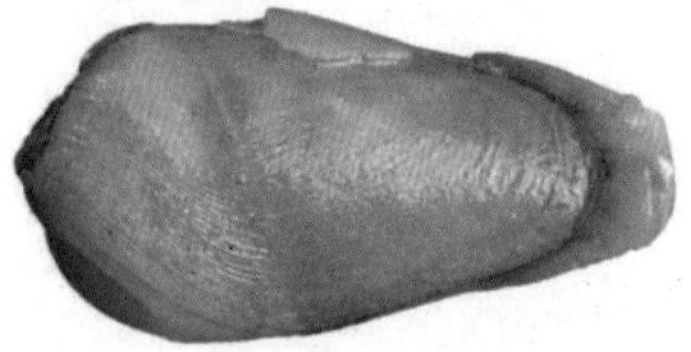

图2-182　吉村马特海笋

（55）船蛆 *Teredo navalis* Linnaeus，1758

船蛆俗称海蛆，属海螂目船蛆科。壳小而薄，只包裹体的最前端。体细长，呈蛆状，分前、中、腹3部分。身体末端具有特有的保护装置——铠（铠片略呈长方形，外侧凸，内侧平，先端中央呈杯状），后半部周缘环生多层、互相黏合的黄色角质膜。角质膜与石灰质部分杯状末端联合形成一个较大的杯状凹，两侧的角质膜延伸为直角，而中部呈弧口状。船蛆凿穴生活于木质船或建筑物里，危害极大。（图2-183和图2-184）

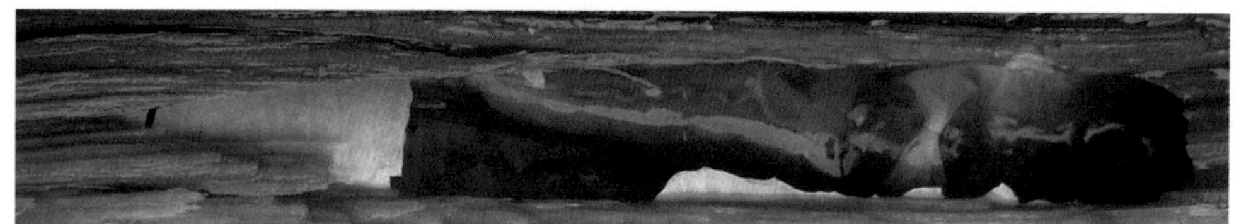

图2-183　船蛆

图2-184　船蛆

(56)舟形长带蛤 *Entodesma navicula*(A. Adams & Reeve, 1850)

舟形长带蛤属里昂司蛤科。壳较厚，膨胀，被有厚的褐色壳皮。左壳大于右壳。幼小个体壳表面有明显的放射纹，成年个体放射纹不明显。壳内面珍珠层厚，具光泽。内韧带长，依附于后背缘，其上有一长形石灰质韧带片。舟形长带蛤栖息于30~50 m水深的泥沙底。(图2−185)

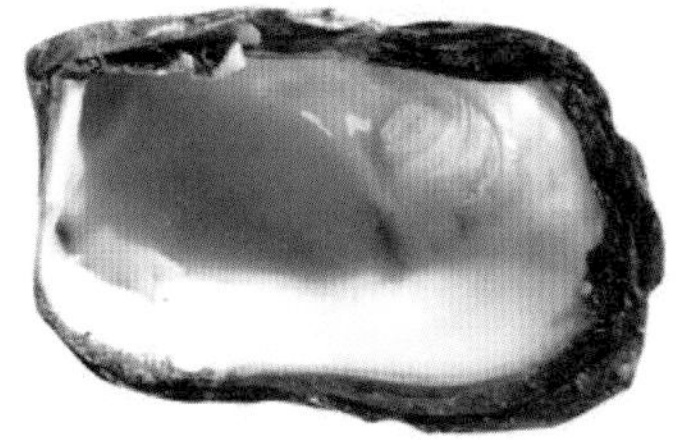

图2−185　舟形长带蛤

(57)鸭嘴蛤 *Laternula anatina*(Linnaeus, 1758)

鸭嘴蛤属鸭嘴蛤科。壳薄而透明，呈鸭嘴状，表面无放射肋，有环形生长纹。铰合部小，无齿。其主要特征在于两壳各延伸出1个匙状韧带槽，其后与一斜行长肋片相连。自壳顶到后腹缘有1条浅沟，沟之前壳表面布满粒状突起，沟之后仅有生长纹。鸭嘴蛤生活于浅海至93 m水深的泥沙底。(图2−186和图2−187)

图2−186　鸭嘴蛤

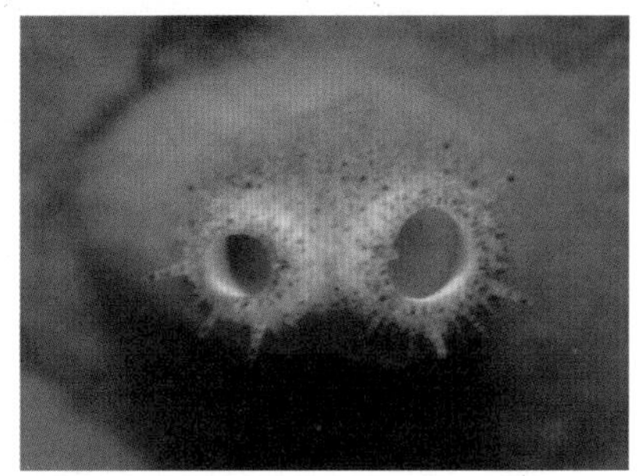

图2−187　鸭嘴蛤

5. 头足纲

(1)金乌贼 *Sepia esculenta* Hoyle, 1885

金乌贼属乌贼目乌贼科。胴部纵截面卵圆形，长为宽的1.5倍。腕式为4>1>3>2，吸盘4行。角质环外缘具不规则的钝形小齿。雄性左第Ⅳ腕茎化，特征为：基部7~8列吸盘正常，9~15列吸盘极小，再向上又恢复正常。内壳发达，长椭圆形，石灰质，后端有一骨针。生活时体黄褐色，在阳光下具金黄色光泽，胴部背面棕紫色细斑和白斑相间。成体胴部长可达20 cm。(图2−188)

图2-188　金乌贼

（2）**日本无针乌贼** *Sepiella japonica* Sasaki，1929

日本无针乌贼又叫尹纳无针乌贼，属乌贼目乌贼科。胴部纵截面长圆形，长可达15 cm，稍瘦，长约为宽的1.5倍，腹端有一明显的腺孔。各腕长度相近，腕式为4>1>3>2。腕有4行吸盘。吸盘大小几乎相等，其角质环外缘有尖锥形小齿。雄性左侧第Ⅳ腕茎化为交接腕，基部约1/3吸盘极小。触腕颇长，长度可超过胴部长，触腕穗狭小，长度约为腕长的1/4。生活时胴部背面白色花斑很明显。内壳长椭圆形，石灰质，后端不具骨针。日本无针乌贼在浅海生活，群居于暖水区。（图2-189）

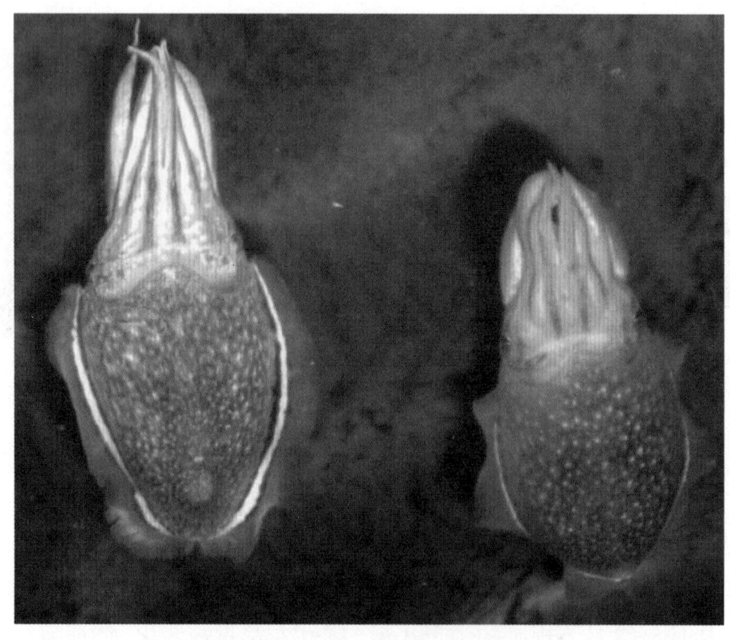

图2-189　曼氏无针乌贼

(3)双喙耳乌贼 *Lusepiola birostrata*(Sasaki, 1918)

双喙耳乌贼属乌贼目耳乌贼科。体形较小，胴部长仅2 cm左右。胴部呈圆袋形，长宽之比约为7∶5。胴背与头部相连，肉鳍大，如两耳。腕长度相近，一般为2>3>1>4。吸盘2行，其角质环外缘不具齿。雄性左侧第Ⅰ腕茎化为交接腕，特征是其长约为右侧对应腕长度的4/5，较粗壮。触腕细长，触腕穗细小，其吸盘的角质环外缘具极小的尖齿。体灰白色，内壳退化。(图2-190)

图2-190　双喙耳乌贼

(4)火枪乌贼 *Loliolus beka*(Sasaki, 1929)

火枪乌贼属闭眼目枪乌贼科。体形较小，胴部稍长，长约为宽的2.5倍。腕长度一般为3>4>2>1。雄性左侧第Ⅳ腕茎化为交接腕，特征是自顶部向下约占全腕2/3处特化形成2行肉刺。触腕较长，超过胴部，稍近菱形，触腕穗长度约为触腕全长的1/4。触腕吸盘4行，大小不一，中间的大，两边的小，其角质环外缘均具尖锥形小齿。火枪乌贼体灰白色，背部有黑色斑点。成体胴长可达12 cm。火枪乌贼在沿岸海域生活，春季集群进行生殖洄游，产卵场多在内湾。其游泳能力较弱，在底栖网中采获较多。(图2-191)

图2-191　火枪乌贼

（5）日本枪乌贼 *Loliolus japonica*（Hoyle，1885）

日本枪乌贼属闭眼目枪乌贼科。外形与火枪乌贼相似，主要的区别如下：后者触腕大，吸盘角质，角质环外缘均具尖锥形小齿，而前者触腕小，齿呈横长方形；前者雄性交接腕特化部分占全腕的1/3，后者的约占全腕的2/3。日本枪乌贼在浅海生活。（图2–192）

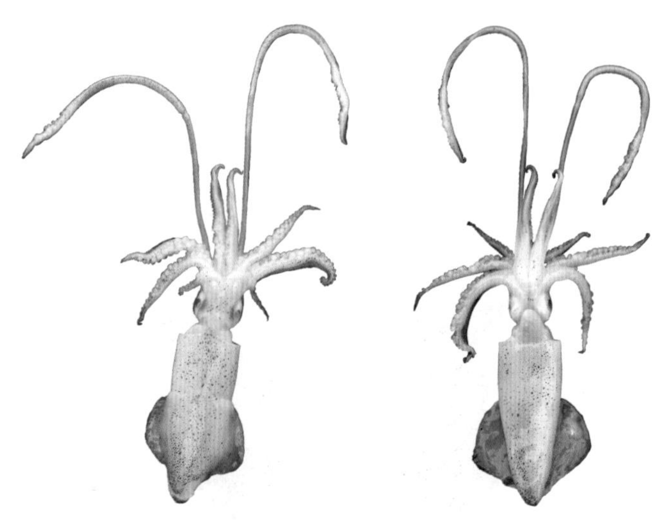

图2–192　日本枪乌贼

（6）长蛸 *Octopus variabilis*（Sasaki，1929）

长蛸俗称长八带，属八腕目蛸科。体中型，成体可达80 cm，胴部长椭圆形，表面平滑，两眼前无金色环。各腕顺序为1>2>3>4，雄性右侧第Ⅲ腕茎化为交接腕，特征是其长度仅为左侧对应腕的1/2，端器大而呈匙状。体呈肉红色，内壳退化。长蛸栖息于泥底海区，有钻泥习性，主要以爬行或划行向前移动，春季于潮间带可挖得，冬季则位于潮间带下区。（图2–193）

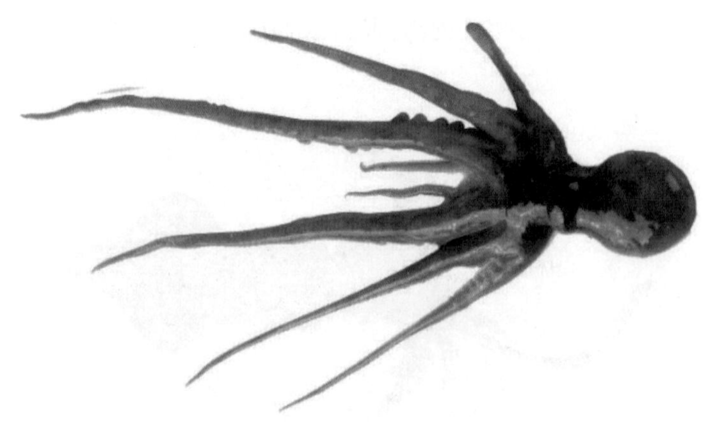

图2–193　长蛸

（7）**短蛸** *Octopus fangsiao* d’ Orbigny, 1839–1841

短蛸俗称八带、饭蛸，属八腕目蛸科。体小型，长27 cm左右。胴部卵圆形，在背部两眼间的皮肤表面，有一纺锤形的褐色斑块。同时在每只眼的前方，自第2对至第4对腕区内，有金色的环。漏斗呈W形。各腕长度相近，顺序为4>3>2>1。雄性第Ⅲ腕茎化，端器小，近圆锥形。内壳退化。短蛸营浅海底栖生活。（图2–194和图2–195）

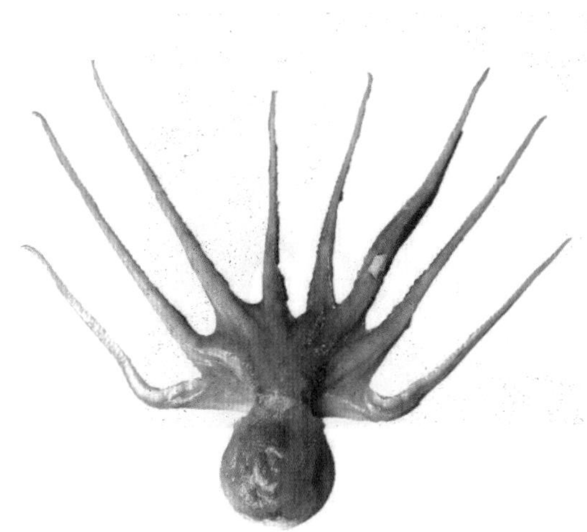

图2–194　短蛸

图2–195　短蛸

九、节肢动物门 Arthropoda

节肢动物是动物界中种类最多的一门动物，分布广，在海洋、淡水、土壤等各种生境和动植物体内均有其踪迹。节肢动物身体分节，常分为头、胸、腹3部分，具有分节附肢。

1. 鞘甲纲

(1)茗荷 *Lepas anatifera* Linnaeus，1758

茗荷属铠茗荷目茗荷科。体分头部和柄部。头部扁平，长约3.2 cm，宽约2 cm。柄部能伸缩，头部外被5片白色壳板，即1对背板、1对巨大的楯板，以及1片细长的峰板，背板和楯板上有生长纹。茗荷柄部肌肉质，以末端附着于浮木、石块或船底。（图2–196和2–197）

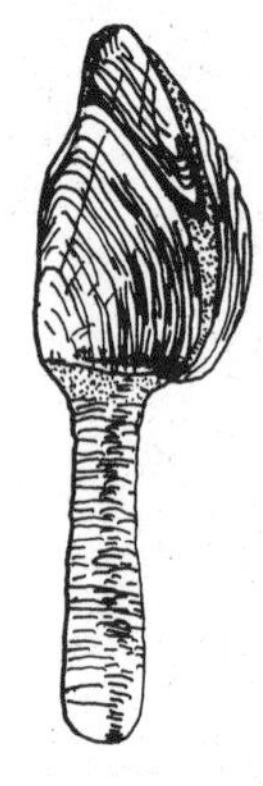
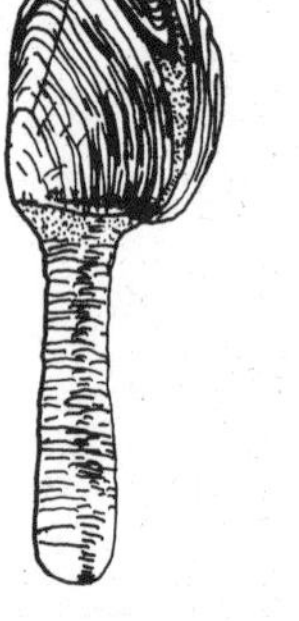

图2–196　茗荷

图2–197　茗荷

(2)白脊管藤壶 *Fistulobalanus albicostatus* (Pilsbry, 1916)

白脊管藤壶又称白纹藤壶，属藤壶目藤壶科。壳呈圆锥形，直径1.8 cm，高1.2 cm。每壳板具有许多粗细不等的纵肋，壳板常被腐蚀成灰白色，肋间暗紫色。壳口略呈五角形。楯板生长纹明显。背板底缘的距短而粗，末端圆。白脊管藤壶广布于我国沿岸盐度较低的海域。（图2–198和图2–199）

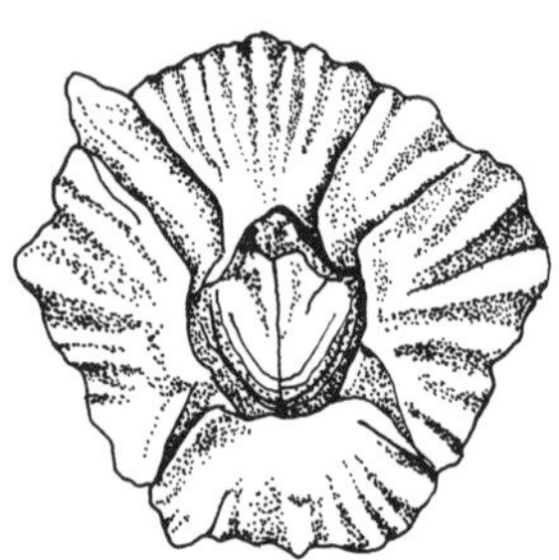

图2–198　白脊管藤壶

图2–199　白脊管藤壶

(3) 纹藤壶 *Amphibalanus amphitrite*（Darwin，1854）

纹藤壶属藤壶目藤壶科。壳呈圆锥形，直径约2 cm，高约1.1 cm。壳口呈锯齿状，略呈五角形。壳板表面光滑。壳表面无纵肋，具有布纹状条纹。纹藤壶附着生活于低潮线以下的岩石或贝壳上，有的固着在船底部。（图2–200）

图2–200　纹藤壶

(4) 东方小藤壶 *Chthamalus challengeri* Hoek，1883

东方小藤壶属藤壶目藤壶科。壳一般呈圆锥形，在密集生活的情况下呈圆柱状，直径约为1 cm，高0.5～0.6 cm。壳口小，盖部很平。楯板开闭线很长。吻板两侧只有翼状部，被侧板的放射部覆盖。吻板与侧板等宽且宽度略宽于峰板。东方小藤壶生活于高潮线附近，附着于岩石或贝壳上。（图2–201）

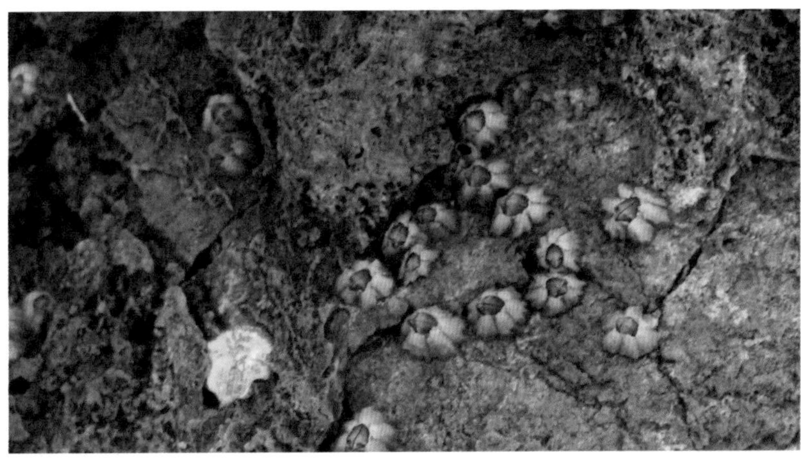

图2–201　东方小藤壶

(5) 网纱蟹奴 *Sacculina confragosa* Boschma，1933

网纱蟹奴属蟹奴科。其雌雄同体，寄生于蟹类脐部。体柔软，呈囊状，长约1.1 cm，宽约0.5 cm。网纱蟹奴无壳板，无附肢，生殖腺和外套膜为主要部分。外套膜表面呈波纹状网纹。网纱蟹奴以短柄附着于宿主腹部基部；以许多板状突起伸入宿主的各器官，吸取养分。其随着宿主分布于低潮线以下浅海。（图2–202）

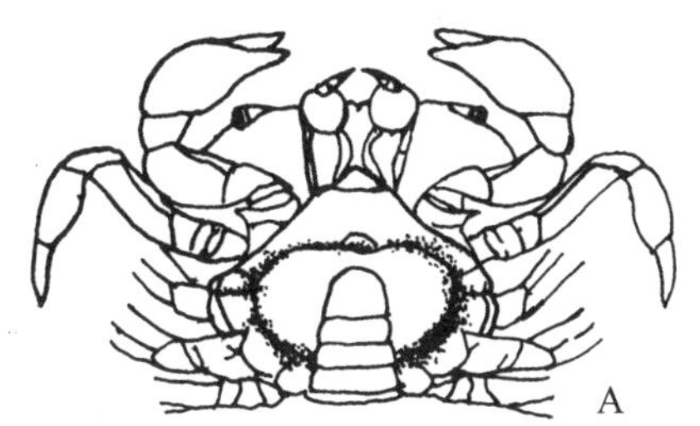

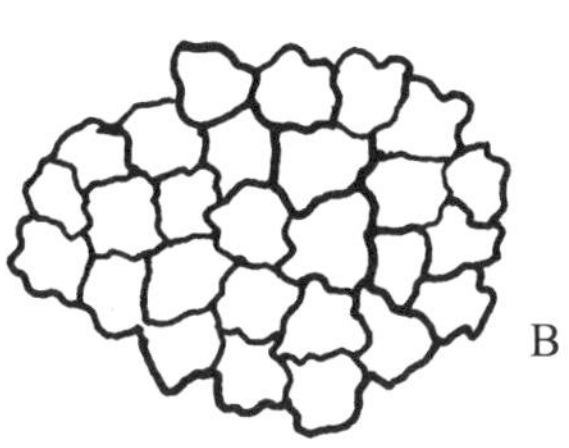

A. 寄居状态；B. 外套膜外皮表面。

图2–202　网纱蟹奴

(6) **蛣蟹奴***Peltogaster paguri* Rathke, 1842

蛣蟹奴属蛣蟹奴科。体柔软，长约1.5 cm，宽约0.4 cm，无附肢，以分肢寄居于寄居蟹的腹部左前方，以体内的丝状根吸取宿主的养分。(图2–203)

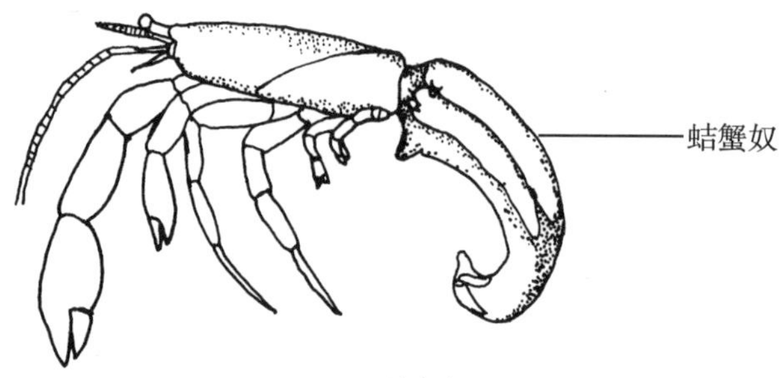

图2–203　蛣蟹奴

2. 软甲纲

(1) **黑褐新糠虾** *Neomysis awatschensis* (Brandt, 1851)

黑褐新糠虾属糠虾目糠虾科。体较粗短，大的体长可达1.4 cm，具明显的棕褐色斑纹。三角形额角甚短。眼大，眼柄宽而短。第1触角柄部粗短。雄性第3节末端腹面指状突起很长。尾节宽而短。尾肢内肢较短，外肢很长。黑褐新糠虾属浅海种类，在潮间带较常见。(图2–204)

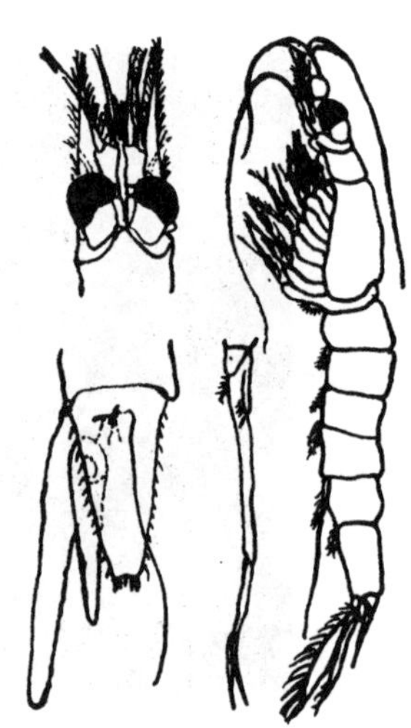

图2–204　黑褐新糠虾

(2) **亚洲异针尾涟虫** *Dimorphostylis asiatica* Zimmer, 1908

亚洲异针尾涟虫属涟虫目针尾涟虫科。体很小，长仅0.5 cm左右。头胸甲宽而圆，前端左右各突出一小叶，形成假额角。复眼由3个小眼组成，位于头胸甲前部中央的突起上。胸节很宽，腹部很细。尾节后部很短，有端刺2对，末端有刺1对。雄性腹肢2对，雌性无腹肢。亚洲异针尾涟虫潜伏于潮间带的泥沙中。(图2–205)

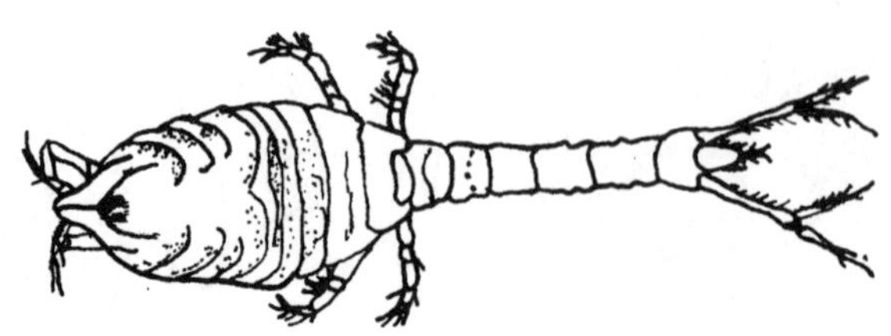

图2–205　亚洲异针尾涟虫

(3)日本蛀木水虱 *Limnoria japonica* Richardson, 1909

日本蛀木水虱属等足目蛀木水虱科。体很小，呈圆筒状，长约0.3 cm。背面有不规则的黑褐色斑纹。复眼位于头部两侧。第一触角短小。胸部第1节比其他各节约长2倍，第2~4节长度大约相等。7对步足构造大致相似。前3对步足较粗壮，向前伸；后4对较细长，向后伸。腹部长度占体长的1/3。雄性腹肢第12对内肢内缘有一菜刀状的附肢。第5对腹肢内、外肢无羽毛，有鳃的功能。尾肢细小，位于尾节腹面两侧。本种穴居于木质建筑（如船的木质构造）中，危害极大。在被腐蚀的木材中可采得。（图2-206）

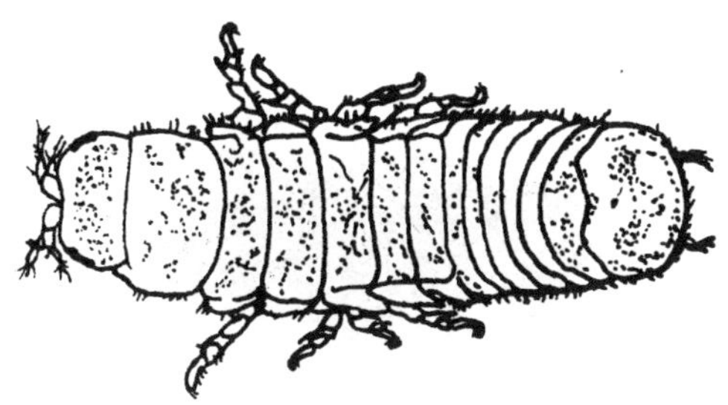

图2-206　日本蛀木水虱

(4)近似拟棒鞭水虱 *Cleantiella isopus*（Miers, 1881）

近似拟棒鞭水虱属等足目盖鳃水虱科。体呈薄片状，左右两侧缘略平行，长2~3 cm，约为宽的3.5倍。头部前缘稍凹陷。第一触角很短小，第二触角较粗大。胸节第2~7节非常明显。7对步足大致相似，末端具尖爪。近似拟棒鞭水虱栖息于岩石底质的碎石下或海藻上，潮退后在低潮区岩礁旁滞留的水洼中常可采到。（图2-207）

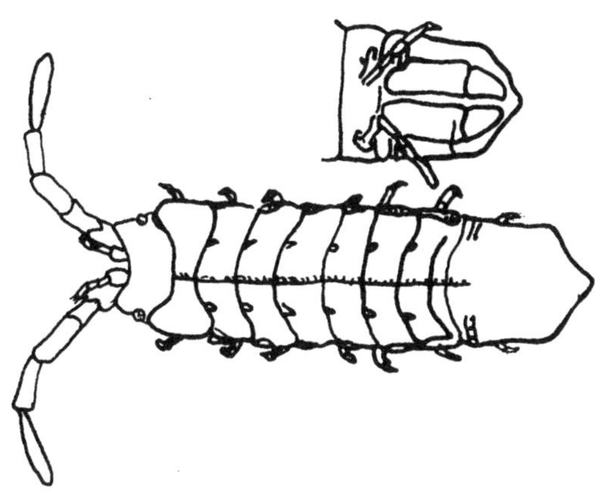

图2-207　近似拟棒鞭水虱

(5) 海蟑螂 *Ligia* (*Megaligia*) *exotica* Roux, 1828

海蟑螂又名海岸水虱，属等足目海蟑螂科。体背面观呈椭圆形，长约为宽的2倍。头部很短小。眼大而圆，位于头部两侧。第一触角很小，极不明显；第二触角很大，向后伸达尾节部附近。胸肢7对，约等长。尾肢位于尾节的末端，十分长，其长度可达体长的2/3，内、外两肢等长。海蟑螂生活于高潮线及潮上带岩礁岸边，爬行快速。潮退后在沿海岩礁岸边均可采到。（图2–208）

图2–208 海蟑螂

(6) 日本沙钩虾 *Byblis japonicus* Dahl, 1944

日本沙钩虾属端足目双眼钩虾科。头部短而突出，无额角。触角基部附近各有2个单眼，腹部第2、3节后触角圆拱，第4节中凹，第5、6节相互愈合。触角鞭细长，有毛。日本沙钩虾生活于浅海沙滩，常潜伏在低潮线附近的细沙中。（图2–209）

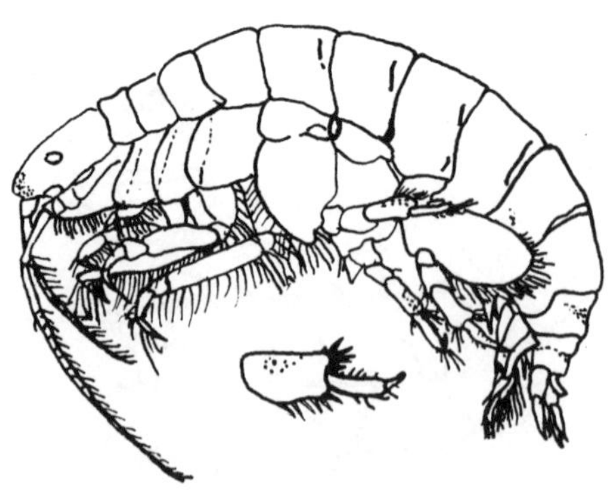

图2–209 日本沙钩虾

(7) 异跳钩虾 *Allorchestes bellabella* J. L. Barnard, 1974

异跳钩虾又叫窄异跳钩虾，属端足目多棘钩虾科。体较扁，长0.7 ~ 1.2 cm。第一触角鞭单枝，第一、二鳃足亚螯状。雄性较雌性鳃足粗大。第2鳃足腕节腹缘有一宽大的突出叶。尾节呈四角形，末缘裂缝较短。第一尾肢和第二尾肢皆双枝形。第三尾肢单枝形。异跳钩虾生活于潮间带上区沙滩，潮退后在沿海滞留的水洼中到处可见。（图2–210）

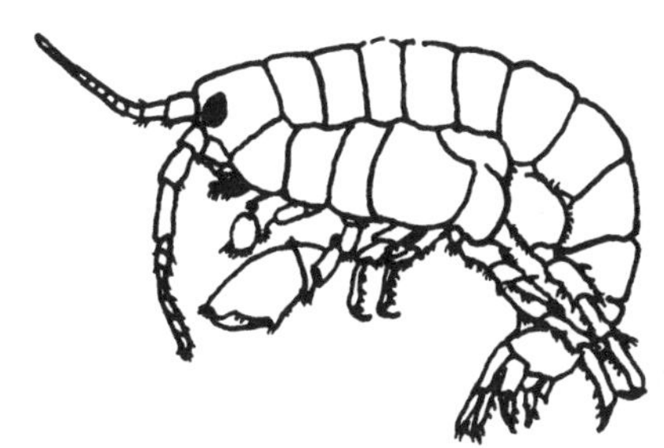

图2–210　异跳钩虾

(8) 多棘麦秆虫 *Caprella acanthogaster* Mager, 1890

多棘麦秆虫又名海藻虫，属端足目麦秆虫科。体细长，外观似海藻的分支。雄性第4 ~ 8胸节背面各有10多个小棘，雌性有4 ~ 6个。雄性第一触角长约为体长的1/2，第二触角短于第一触角柄。雌性第二触角则长于第一触角柄。雄性第二鳃足强大。多棘麦秆虫头部与前2节胸节愈合。步足末端皆呈钩状。多棘麦秆虫生活于低潮线以下，附着于海藻或其他物体上，在海带等藻类上可见到。（图2–211）

图2–211　多棘麦秆虫

(9)中国明对虾 *Penaeus chinensis*(Osbeck, 1765)

中国明对虾属十足目对虾科，雌性体长18~23.5 cm，雄性体长13~17 cm。额角粗壮，上缘齿7~9枚，下缘齿3~5枚。第一触角上鞭很长，其长度为头胸甲长度的1.3倍。雌性第三颚足短，雄性的长。雌性在第4、5对步足基部之间的腹甲上，具圆盘形交接器。雄性第一腹肢之内肢形成钟形交接器。雌性棕蓝色，雄性稍带黄色。中国明对虾分布于较深海域，在黄渤海较多；胶州湾亦有，但量少。(图2-212)

图2-212　中国明对虾

(10)周氏新对虾 *Metapenaeus joyneri*(Miers, 1880)

周氏新对虾属十足目对虾科。体长7~11 cm。甲壳很薄且凹凸不平，凹处密生细毛。额角上缘具6~8枚齿，下缘无齿。雌性交接器中央板呈葫芦状，前端很窄，后端钝圆，最末端中部向前深凹。雄性交接器大而坚硬，略呈长方形，中叶末部宽扁而尖，向背面卷曲。周氏新对虾生活于泥沙底质的浅海，每年5月出现；6—8月产卵，为盛期。(图2-213)

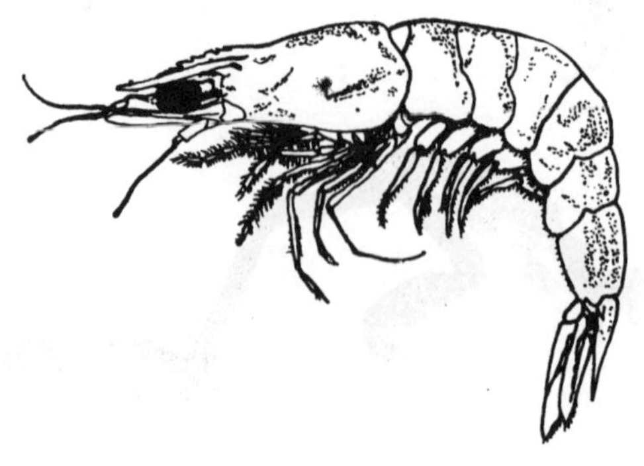

图2-213　周氏新对虾

(11)鹰爪虾 *Trachysalambria curvirostris*(Stimpson, 1860)

鹰爪虾属十足目对虾科。体长6~10 cm。额角上缘具齿5~7枚,下缘无齿。尾节后部两侧各具3个活动刺。雌性交接器由前、后2板构成,前板为半圆形,后板为横宽的长方形。雄性交接器基部很宽,中部稍窄,末部向两侧突出,呈锚状。鹰爪虾为加工虾米(海米)的主要原料。(图2-214)

图2-214 鹰爪虾

(12)中国毛虾 *Acetes chinensis* Hansen, 1919

中国毛虾属十足目樱虾科。体无色透明,极度侧扁,长2.5~4.2 cm。壳很薄。额角短小,上缘具2枚小齿,下缘无齿。眼柄极长,第一触角下鞭常变形成抱持器。第二触角长度往往超过体长的3倍。雌性第3对胸足基部之间有一生殖板。雄性交接器位于第一腹肢原肢的内侧,分内、外两叶。尾肢外肢极长,内肢基部有1列红色小点,通常3~8个不等。中国毛虾为近岸生活种类,冬季向水深处移动,春季之后聚集于近岸浅海。中国毛虾是加工虾皮、虾酱、虾油等的主要原料。(图2-215)

(13)日本毛虾 *Acetes japonicus* Kishinouye, 1905

日本毛虾属十足目樱虾科。体长2~3 cm,形态特征似中国毛虾。雌性生殖板近长方形。雄性交接器头状部分的顶端十分膨大。尾肢内肢基部一般仅有1个较大的红色斑点。其习性与中国毛虾相似。(图2-216)

图2-215 中国毛虾　　图2-216 日本毛虾

(14) **细螯虾** *Leptochela gracilis* Stimpson, 1860

细螯虾属十足目玻璃虾科。体透明，形似毛虾，长2.5~3.5 cm。额角上、下皆无齿。5对步足皆有外肢。腹部第2节侧甲覆盖于第1节侧甲后缘上，第5节背面末端向后伸出1个明显的弯刺。细螯虾生活时体具红色细斑点，口器部分及腹部各节后缘红色。细螯虾栖息于浅海，在潮间带下区沙底或泥沙底中亦可遇到。秋、冬季大量夹杂在捕捞的毛虾中。(图2-217)

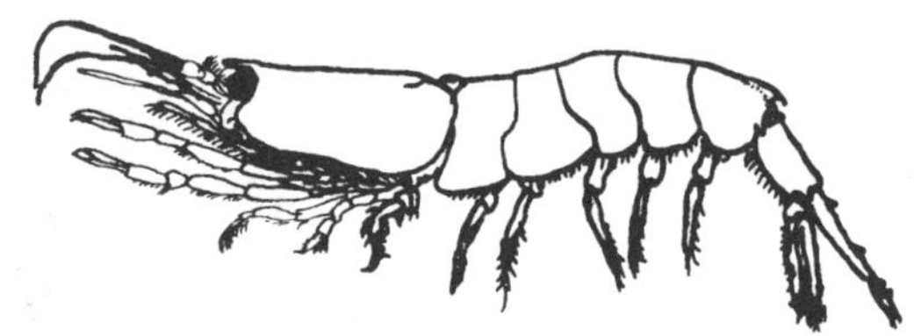

图2-217　细螯虾

(15) **短脊鼓虾** *Alpheus brevicristatus* De Haan, 1844

短脊鼓虾属十足目鼓虾科。体长3.5~6.5 cm。两眼隐藏于头胸甲的下方。额角短小，略呈刺状。尾节较宽而短，呈舌状。第1对步足螯状，左、右大小不等。大螯长为宽的3倍。大螯可动指内缘具一突起，相应的不动指具一凹槽。当大螯急速闭合时，会发出叭叭的响声，故称“鼓虾”。大螯掌部边缘近活动指处有一横沟。小螯较细且指节较长。第二步足细小。体背面有棕色纵行斑纹。短脊鼓虾能造穴，栖息于潮间带泥沙滩内。(图2-218)

图2-218　短脊鼓虾

(16)日本鼓虾 *Alpheus japonicus* Miers，1879

日本鼓虾属十足目鼓虾科。体长3～6.6 cm。大螯较细长，长为宽的4倍。小螯特细长，长为宽的6～10倍。日本鼓虾身体背面为棕红色或绿褐色，腹部每节前缘白色，喜在浅海泥沙底生活。（图2–219）

图2–219　日本鼓虾

(17)长指鼓虾 *Alpheus digitalis* De Haan，1844

长指鼓虾又称鲜明鼓虾，属十足目鼓虾科。体长3.5～5.5 cm。额角尖细而长，约伸至头胸甲中部。额角后脊不明显。长有1只小螯和1只与身体不相称的大螯。大螯长度几乎是鼓虾身长的1/2。体背面棕色或绿褐色。生活时多具明显花纹，体色艳丽。长指鼓虾栖息于浅海泥沙底。（图2–220）

图2–220　长指鼓虾

(18)东方长眼虾 *Ogyrides orientalis*（Stimpson，1860）

东方长眼虾属十足目长眼虾科。体长2 cm左右，透明，间有红色及黄色小斑点。头胸甲前部背面有活动刺3～5个。额角短小，眼亦小，眼柄特长。前2对步足细小，呈螯状；后3对步足指节呈长叶片状。步足都生有刚毛。第5、6节间弯曲。尾节呈舌状。东方长眼虾栖息于浅海泥沙底。（图2–221）

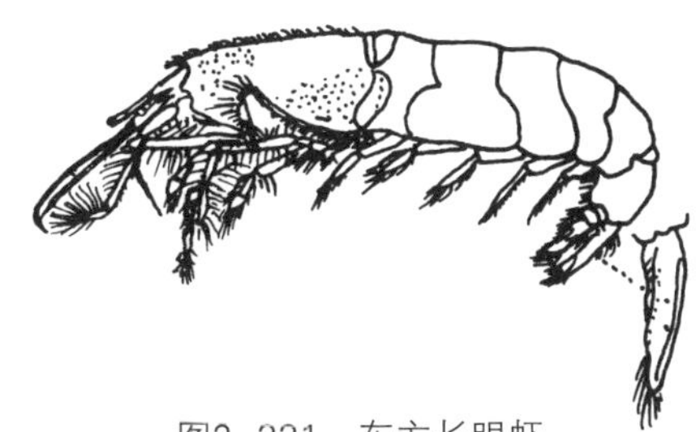

图2–221　东方长眼虾

（19）**长足七腕虾** *Heptacarpus futilirostris*（Spence Bate，1888）

长足七腕虾属十足目托虾科。体粗短，长2.5~3.5 cm。额角上缘有齿4~7枚，下缘末端有齿2枚或3枚。第三额足粗大，雄性的长于体长。步足皆无外肢。第一、二步足呈螯状。雄性第1对步足长等于体长，第2对步足稍细小。长足七腕虾栖息于沿岸碎石块下，或附着于海藻上。（图2–222）

图2–222　长足七腕虾

（20）**中华安乐虾** *Eualus sinensis*（Yu，1931）

中华安乐虾属十足目托虾科。体粗短，长1.5~2.5 cm。额角上缘有4~8枚齿，下缘具2~4枚齿。尾节较细，背部有4对活动刺。第一触角短，第三额足具外肢。内肢末节具有数个硬棘，呈棕色。第一步足粗短，呈螯状。第二步足细长。第三、四步足指节腹缘具小刺3个或4个。中华安乐虾生活于潮下带泥沙底、潮间带岩岸的砾石下。（图2–223）

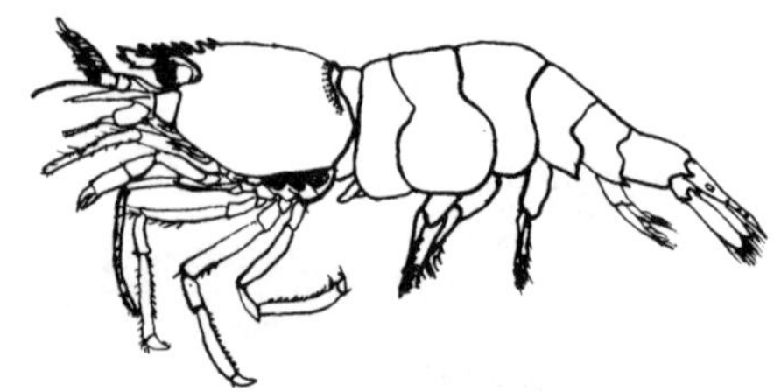

图2–223　中华安乐虾

（21）**水母深额虾** *Latreutes anoplonyx* Kemp，1914

水母深额虾又称海蜇虾，属十足目藻虾科。额角上缘有7~22枚小齿，下缘具6~11枚小齿。额角雄者长而窄，雌性的宽而短。头胸甲侧缘呈锯齿状，具3~12枚小齿。第3对步足为步足中最长的一对。水母深额虾喜生活于浅海泥沙底。（图2–224）

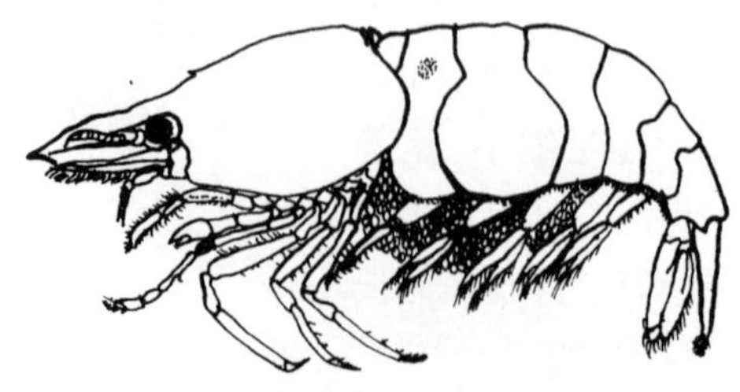

图2–224　水母深额虾

(22) **红条鞭腕虾** *Lysmata vittata* (Stimpson, 1860)

红条鞭腕虾俗称鞭腕虾，属十足目鞭腕虾科。体长2.5～4 cm。额角短，上缘具5～8枚齿，下缘具3～5枚齿。第2对步足细长，腕节由19～22节构成。第3～5对步足指节后缘具4个小刺。尾节长于腹部第6节，短于尾肢。红条鞭腕虾栖息于沙底或泥沙底。（图2–225）

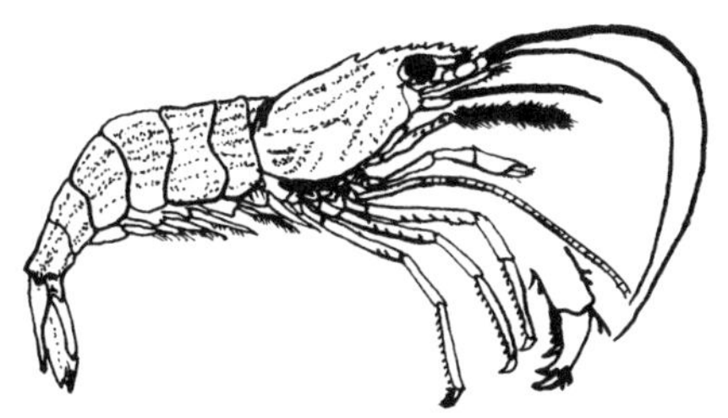

图2–225　红条鞭腕虾

(23) **脊尾长臂虾** *Palaemon carinicauda* Holthuis, 1950

脊尾长臂虾又叫脊尾白虾，属十足目长臂虾科。额角上缘有6～9枚齿，下缘有3～6枚齿。腹部3～6节。背中央有明显的纵脊。第一触角上鞭分成2支。前2对步足螯状。第1对较小，第2对强大。第2对步足肢节均呈爪状。脊尾长臂虾生活于近岸浅海泥沙底中。脊尾长臂虾是加工虾米、虾干的重要原料。（图2–226）

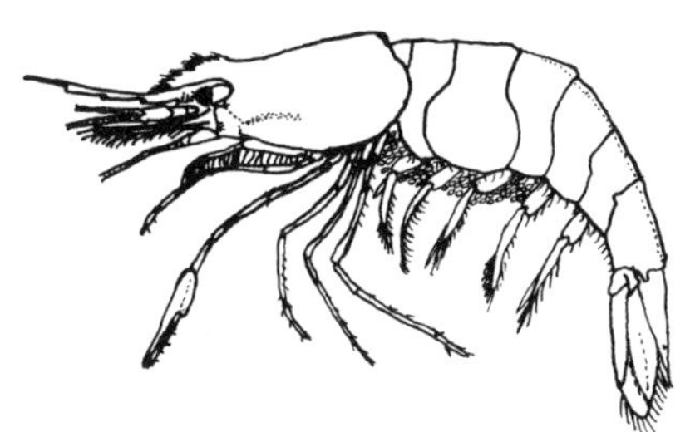

图2–226　脊尾长臂虾

(24) **葛氏长臂虾** *Palaemon gravieri* (Yu, 1930)

葛氏长臂虾属十足目长臂虾科。体透明，长40～60 mm。额角很发达，上缘具12～17枚齿，下缘具5～7枚齿。第2对步足长大。葛氏长臂虾生活于距岸较远的浅海泥沙滩。（图2–227和图2–228）

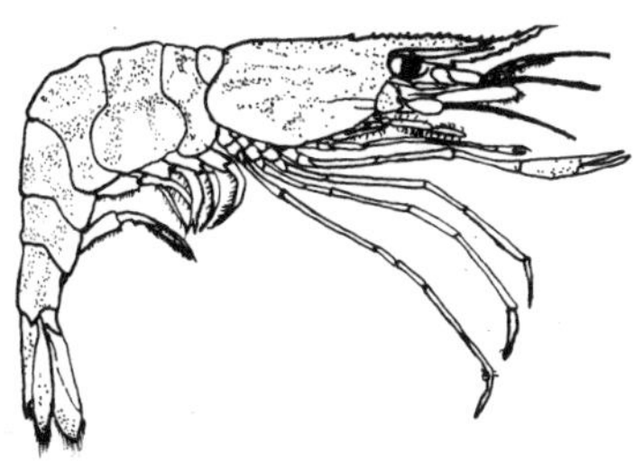

图2–227　葛氏长臂虾

图2-228　葛氏长臂虾

（25）**锯齿长臂虾** *Palaemon serrifer*（Stimpson，1860）

锯齿长臂虾属十足目长臂虾科。额角长度等于或短于头胸甲长，末端平直，不向上弯。额角上缘具9~11枚齿，下缘具3枚或4枚齿。最后3对步足较短，指节短而宽。身体透明，具棕黄色细纹。卵棕绿色。锯齿长臂虾生活于浅海泥沙底，可在潮间带浅水中的石缝间采到。（图2-229和图2-230）

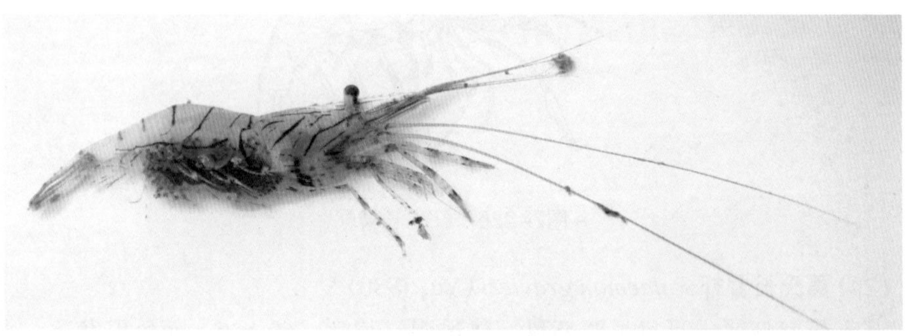

图2-229　锯齿长臂虾

图2-230　锯齿长臂虾

（26）黄海褐虾 *Crangon uritai* Hayashi & Kim，1999

黄海褐虾属十足目褐虾科。体长35～45 mm，前部宽而圆，后部较细。额角呈匙状。第6节腹面有一明显的纵沟。尾节尖细。尾肢长于尾节。第1对步足粗大，呈亚螯状；第2、3对步足很细；后2对步足较粗长。黄海褐虾为近岸生活的种类，栖息于沙底或泥沙底。（图2–231）

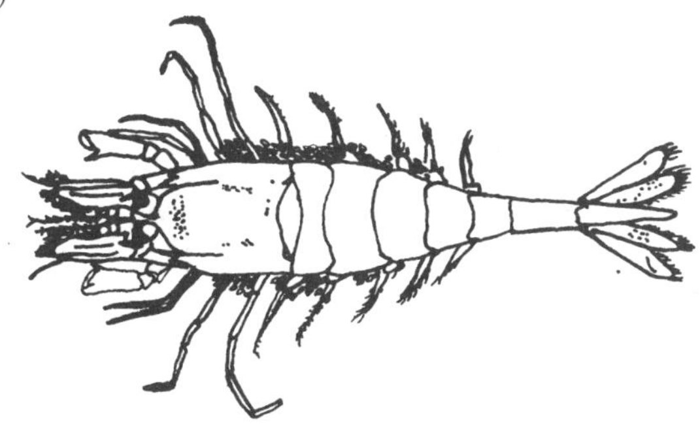

图2–231　黄海褐虾

（27）第一博阿蛄虾 *Boasaxius princeps*（Boas，1880）

第一博阿蛄虾属十足目阿蛄虾科。体呈棕褐色或红褐色，覆盖着一簇簇的刚毛。头胸甲背侧中央具光滑的突起。第1对步足大小不等，第2对步足均呈螯状。第一博阿蛄虾栖息于浅海泥沙底。（图2–232）

图2–232　第一博阿蛄虾

（28）哈氏和美虾 *Neotrypaea harmandi*（Bouvier，1901）

哈氏和美虾又称哈氏美人虾，属十足目美人虾科。体长不超过50 mm。头胸部稍侧扁，腹部扁平。额角不明显。头胸甲宽圆，背部1/4处有明显的颈沟。腹部第1节较窄，其他节略宽于头胸甲。第1对步足很扁，呈螯状，左右不对称。大螯可动指内缘有2个突起，掌节与腕节等大（大螯特别强大，小螯较细弱）。第2对步足亦呈螯状，左右对称。甲壳极薄，无色透明，可见内脏及生殖腺。哈氏和美虾穴居于沙底或泥沙底。（图2–233）

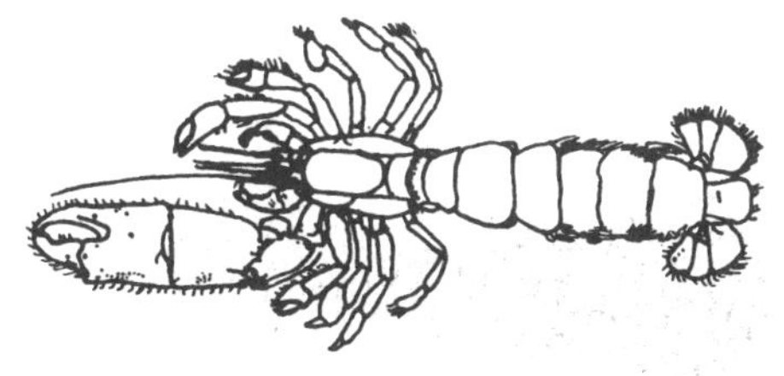

图2–233　哈氏和美虾

(29) **日本和美虾** *Neotrypaea japonica* (Ortmann, 1891)

日本和美虾又称日本美人虾，属十足目美人虾科。其体形大小及各部分构造与哈氏和美虾十分相似。额角比哈氏和美虾的稍尖。雄性第1对步足的大螯在可动指内缘无明显的大突起，掌节长度为腕节长度的2/3。日本和美虾穴居于泥沙或软泥中。各地均常见，胶州湾内外潮间带及潮下带具泥沙底处均有。(图2–234)

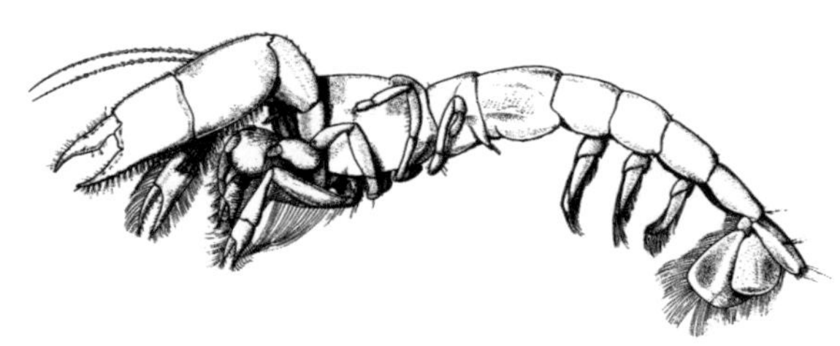

图2–234　日本和美虾

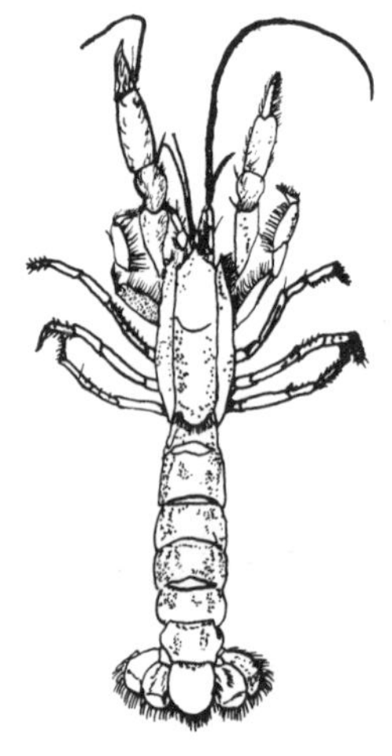

图2–235　泥虾

(30) **泥虾** *Laomedia astacina* De Haan, 1841

泥虾属十足目泥虾科。体形似蝼蛄虾，但腹部较窄而厚，额角略呈三角形。体长50 mm。尾节宽短，呈舌状。眼很小。第1对步足左右对称，很强大，呈螯状。其他4对步足皆简单，不呈螯状。雄性缺第1对腹肢。身体土黄色，背面稍呈蓝绿色。泥虾穴居于泥沙或软泥中。在潮间带中区即可采到。(图2–235)

(31) **大蝼蛄虾** *Upogebia major* (De Haan, 1841)

大蝼蛄虾属十足目蝼蛄虾科。体长70～100 mm。头胸部稍侧扁，腹部平扁。尾节和腹部第6节稍向腹面屈曲。头胸甲前端向前伸出3叶突起，中叶形成宽而短的三角形额角。额角背缘中央具纵沟，纵沟周围有丛毛和小突起；腹缘光滑无刺。步足都生有密毛，第1、5对亚螯状，第2、3、4对不呈螯状。腹部第1节较其他节窄，侧缘皆生有软毛。雄性不具第一腹肢，雌性第一腹肢小而呈单肢型。身体呈淡棕蓝色。大蝼蛄虾穴居于内湾泥沙底中，潮间带中下区很多。(图2–236)

图2–236　大蝼蛄虾

(32)中华多指瓷蟹 *Polyonyx sinensis* Stimpson，1858

中华多指瓷蟹又称亚洲多指瓷蟹，属十足目瓷蟹科。头胸甲呈横宽的卵圆形，长约0.4 cm，宽约0.6 cm；表面光滑，无任何隆起。第二触角位于两眼外侧，末节很长，第三颚足长节内缘具一齿状突起。大螯左右不等。第5对步足显著小，有发达的尾肢。中华多指瓷蟹与中磷虫共生，栖于中磷虫的管内。(图2-237)

图2-237　中华多指瓷蟹

(33)大寄居蟹 *Pagurus ochotensis* Brandt，1851

大寄居蟹又称方腕寄居蟹，属十足目寄居蟹科。头胸甲较扁平。第一触角小，第二触角触鞭长为头胸甲长的3倍。右螯显著大于左螯，表面具有刺状突起。步足指节宽而扭曲。第2、3对步足扁，具许多刺突；第4、5对步足小，呈亚螯状，末端具毛。腹肢退化。大寄居蟹常寄居于香螺壳内。(图2-238)

图2-238　大寄居蟹

(34)艾氏活额寄居蟹 *Diogenes edwardsii*（De Haan，1849）

艾氏活额寄居蟹属十足目活额寄居蟹科。头胸甲长约3 cm。额角被两眼柄基部的鳞片间活动刺所代替。左螯特别大，无毛；右螯较小。两指及掌部具金黄色毛。所寄居的螺壳外常固着有与之共生的小海葵。在沿海各地岩岸或滩面皆可采到，在底拖网里还可网获较深水域的较大个体。(图2-239)

图2-239　艾氏活额寄居蟹

（35）**沈氏拟绵蟹** *Paradromia sheni*（Yang & Dai, 1981）

沈氏拟绵蟹属十足目绵蟹科。头胸甲表面中部隆起。除各足的指节外，全身密布颗粒及稀疏刚毛，分区可辨。额前侧缘具3枚钝齿，后缘平直。步足粗，长节很宽。第1对步足较第2对步足长。雄性腹部沿中线隆起，两侧低平，附以退化的腹肢。雌性腹部较大。沈氏拟绵蟹栖息于水深50 ~ 100 m、具贝壳或石砾的泥沙底上，常隐藏于海绵块下。（图2-240）

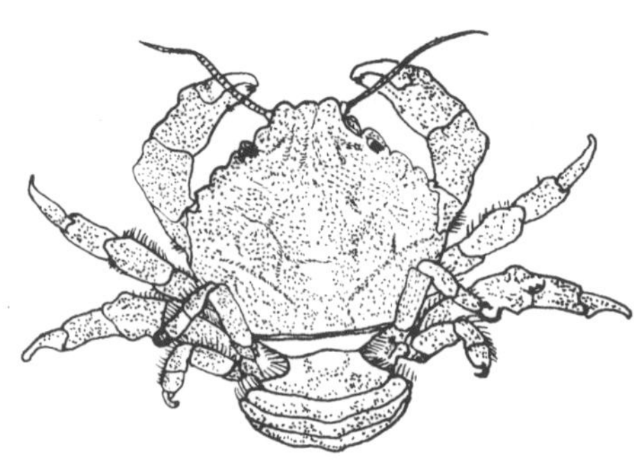

图2-240　沈氏拟绵蟹

（36）**颗粒拟关公蟹** *Paradorippe granulata*（De Haan, 1841）

颗粒拟关公蟹属十足目关公蟹科。头胸甲表面具粗颗粒，颗粒在鳃区特别密。头胸甲前缘凹，具毛，分为2枚齿。雌性两螯对称，雄性两螯常不对称。前2对步足很长；后2对步足很短小，具短毛。颗粒拟关公蟹生活于泥沙质、软泥质或沙质碎壳海底。（图2-241）

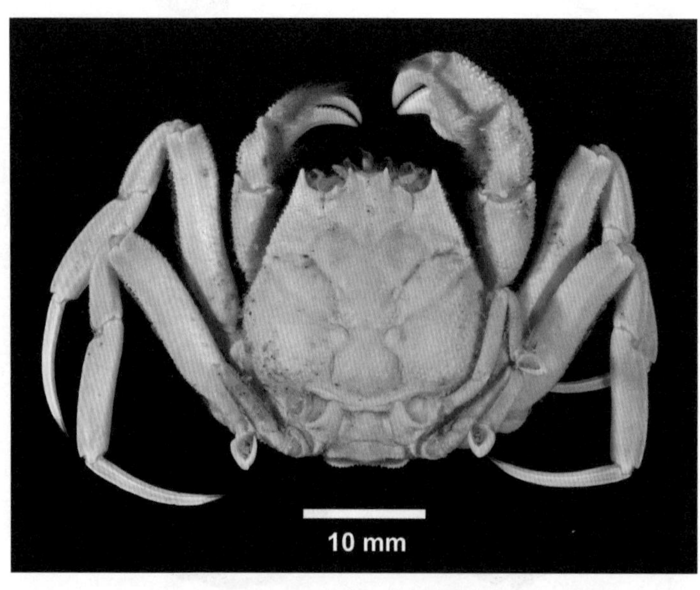

图2-241　颗粒拟关公蟹

(37)端正拟关公蟹 *Paradorippe polita*(Alcock & Anderson, 1894)

端正拟关公蟹属十足目关公蟹科。头胸甲表面光滑，各区及沟均明显。中胃区两旁有凹点，侧沟明显向前侧方弯曲。额短。雄性两螯有的不对称。前2对步足很长，尤以第2对为最长；后2对步足很小。头胸甲长约1.2 cm，宽约1.3 cm。端正拟关公蟹生活于浅海沙滩上的水坑中。(图2–242)

图2–242　端正拟关公蟹

(38)日本拟平家蟹 *Heikeopsis japonica*(von Siebold, 1824)

日本拟平家蟹俗称日本关公蟹，属十足目关公蟹科。头胸甲具短毛，各区隆起部分光滑。肝区凹陷。前鳃区周围有深沟。鳃区中部明显隆起。心区突起如球状。前缘具V形凹陷。额短，前缘具凹陷。雌性螯足较小，对称；雄性螯足较大，常不对称。前2对步足很长。后2对步足细弱，短小。后2对步足常掘一贝壳或树叶覆于体背，用以伪装自己。日本拟平家蟹生活于潮间带至水深130 m的泥沙底。沿海各地皆可采到。(图2–243)

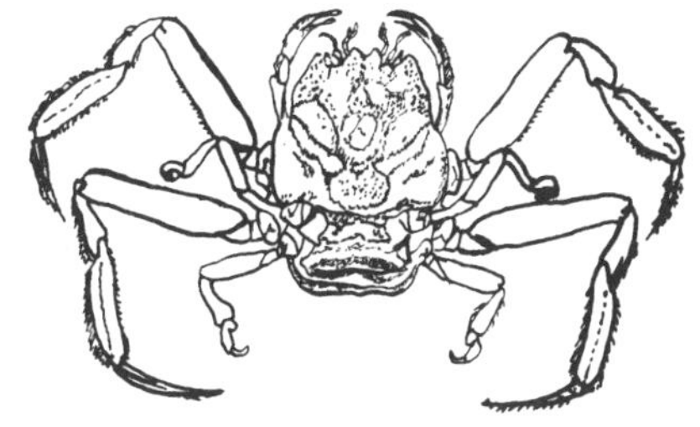

图2–243　日本拟平家蟹

(39)中华虎头蟹 *Orithyia sinica*(Linnaeus, 1771)

中华虎头蟹属十足目虎头蟹科。头胸甲呈卵圆形，长度大于宽度，分区明显。其表面隆起有颗粒，颗粒在前、中部特别明显。疣状突起对称地分布于头胸甲各区中心。额窄，具3枚锐齿，居中者大且突起。眼窝深凹，前侧缘具2个疣状突起。后侧缘具3个壮刺，末刺最小。螯足不对称，第4对步足呈桨状。中华虎头蟹生活于浅海泥沙滩。(图2–244)

图2–244　中华虎头蟹

(40) 红线黎明蟹 *Matuta planipes* Fabricius, 1798

红线黎明蟹属十足目黎明蟹科。头胸甲近圆形，表面有6个不明显的疣状突起，密布由红点所连成的红线。额稍宽于眼窝，中部向前突出，其前中央具一缺刻。眼窝宽大，侧刺壮而尖。步足桨状。雄性腹部呈锐三角形，雌性腹部呈长卵圆形。红线黎明蟹生活于沿海沙滩。(图2-245)

图2-245　红线黎明蟹

(41) 豆形拳蟹 *Pyrhila pisum* (De Haan, 1841)

豆形拳蟹属十足目玉蟹科。头胸甲呈圆球形，表面隆起，具颗粒，绿褐色。额窄而短，前缘中部稍凹。雄性额后缘较平直，雌性的稍突出。雄性螯足比雌性的大。雌性腹部呈长圆形，雄性腹部呈三角形。步足细小。豆形拳蟹生活于浅水及低潮线的泥沙滩。(图2-246和图2-247)

图2-246　豆形拳蟹

图2-247　豆形拳蟹

(42)圆十一刺栗壳蟹 *Arcania novemspinosa*(Lichtenstein, 1815)

圆十一刺栗壳蟹属十足目玉蟹科。头胸甲近圆形,背面有稀疏的细小颗粒,中部隆起。额突出,前缘中央由一V形缺刻分成2枚钝齿。头胸甲边缘共有11枚齿,齿的边缘又有小齿,每侧的前3枚齿较小,后5枚较大。雄性腹部呈三角形,共分5节。雌性腹部呈长卵圆形,分为4节。圆十一刺栗壳蟹栖息于浅海细沙底或泥沙底。(图2–248)

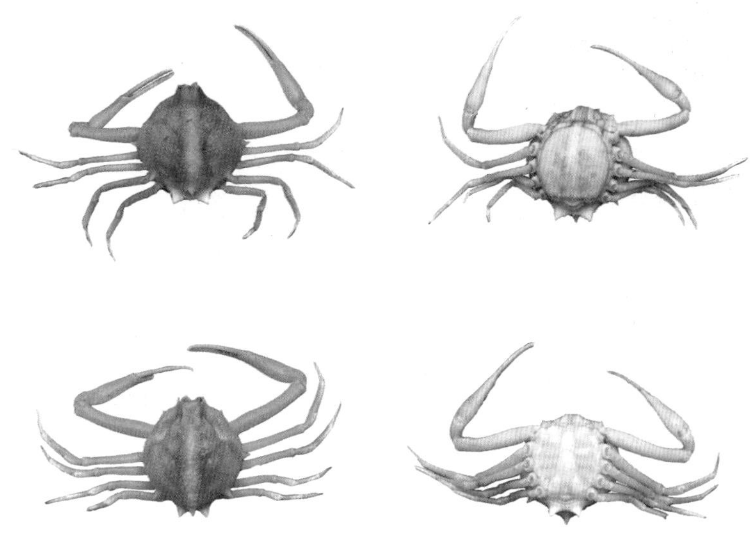

图2–248　圆十一刺栗壳蟹

(43)四齿矶蟹 *Pugettia quadridens*(De Haan, 1839)

四齿矶蟹属十足目卧蜘蛛蟹科。头胸甲表面密布短绒毛,并分布着棒状刚毛。肝区边缘向前、后各伸出1枚齿,与后眼窝齿以凹陷相隔。额向前突出,伸出2根角状锐刺。螯足对称,雌性的比雄性的小。步足第1对最长,向后各对渐短。四齿矶蟹生活于岩礁岸低潮线有藻类的泥沙底或岩礁间。(图2–249和图2–250)

图2–249　四齿矶蟹

图2-250　四齿矶蟹

(44)强壮武装紧握蟹 *Enoplolambrus validus*(De Haan, 1837)

强壮武装紧握蟹属十足目菱蟹科。头胸甲呈菱形，背面有颗粒及疣状突起。胃、心区沿中央线具3个大疣状突起。额突出，呈三角形，顶端尖锐；前侧缘具锯齿6或7枚，且齿向后逐渐增大；后侧缘具锯齿3枚，且齿向后逐渐缩小。外眼窝齿呈三角形突出。螯足特别大，步足短小。强壮武装紧握蟹生活于浅海泥沙滩。(图2-251)

图2-251　强壮武装紧握蟹

(45)三疣梭子蟹 *Portunus trituberculatus* (Miers, 1876)

三疣梭子蟹属十足目梭子蟹科。头胸甲呈梭形，稍突起，有3个疣状突起（胃区1个，心区2个）。额具2枚锐齿。眼窝背缘的外刺相当大。口上脊露在两额刺之间。头胸甲前侧缘（包括外眼窝）刺共具9个；末刺长大，伸向两侧。第4对步足呈桨状。三疣梭子蟹生活于水深10～30 m的泥沙底，有时能游至水上层来。（图2-252和图2-253）

图2-252　三疣梭子蟹

图2-253　三疣梭子蟹雌性个体（左）和雄性个体（右）

(46)日本蟳 *Charybdis* (*Charybdis*) *japonica* (A. Milne-Edwards, 1861)

日本蟳属十足目梭子蟹科。头胸甲呈卵圆形，背面隆起，额分6枚锐齿。内眼窝齿较额齿大。前侧缘齿和眼窝齿共6枚。第二触角在眼眶外。螯足掌部有5个棘，末对步足桨状。雄性腹部呈三角形，雌性腹部呈长圆形。日本蟳生活于岩岸低潮线以下海藻较多处和石块下。（图2-254）

图2-254　日本蟳

（47）**双斑蟳** *Charybdis*（*Gonioneptunus*）*bimaculata*（Miers，1886）

双斑蟳属十足目梭子蟹科。中等大小，体表密覆短绒毛。头胸甲具分散的颗粒。额分4枚齿，齿呈钝圆形，中央1对较侧齿突出。第二触角基节填充于眼窝间隙。前侧缘共有6枚齿（包括外眼窝齿）。螯足稍不对称。第4对步足长节后缘外末角具一锐刺。双斑蟳生活于浅海沙泥底。（图2–255）

图2–255　双斑蟳

（48）**特异大权蟹** *Macromedaeus distinguendus*（De Haan，1835）

特异大权蟹属十足目扇蟹科。头胸甲背面观或呈横卵圆形，或似折扇；背面隆起，前半部分具皱襞和小颗粒，后半部分较光滑。额宽，前缘中线具一缺刻，将额分为2叶。头胸甲前侧缘较后侧缘长，前侧缘具4枚钝齿，后侧缘较平直。两性螯足均不对称，两指深褐色，末端略呈马蹄形。步足短。特异大权蟹生活于岩岸近低潮线的石下或岩石缝中。（图2–256）

图2–256　特异大权蟹

（49）团岛毛刺蟹 *Pilumnus tuantaoensis* Shen, 1948

团岛毛刺蟹属十足目毛刺蟹科。头胸甲表面覆以细绒毛及硬刚毛，并有分散的刷状短毛，尤以步足上为多。额宽稍大于头胸甲宽的1/3，前缘中部有一V形缺刻，此缺刻将额分为2叶。各叶均有8个刺状颗粒。额前侧缘（外眼窝齿）共4枚齿。螯足不对称。团岛毛刺螯栖息于浅海泥沙底及石砾底。（图2–257）

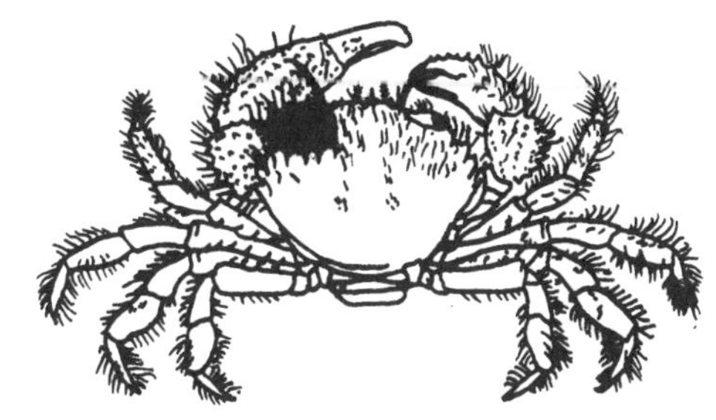

图2–257　团岛毛刺蟹

（50）隆线强蟹 *Eucrate crenata*（De Haan, 1835）

隆线强蟹属十足目宽背蟹科。头胸甲略呈圆方形，宽约为长的1.2倍。背面较光滑，有细颗粒，分区不明显。额缘中央由一浅缺刻分成2叶。头胸甲前侧缘短而弯，共具4枚齿，前3枚齿近乎等大，末齿最小；后侧缘斜直。螯足稍不对称。雄性腹部分成7节，前3节较宽，之后迅速变窄，尾节呈长三角形。隆线强蟹栖息于潮间带至浅海软泥、沙泥或碎壳底。（图2–258）

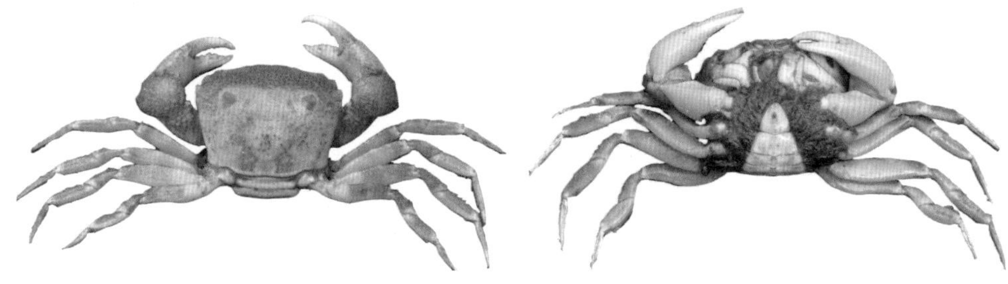

图2–258　隆线强蟹

（51）泥脚隆背蟹 *Entricoplax vestita*（De Haan, 1835）

泥脚隆背蟹属十足目长脚蟹科。体表密覆短软毛。头胸甲呈圆方形，宽大于长。额宽，微向腹部弯曲，前缘中部稍凹。前侧缘具3枚齿（包括外眼窝齿）。螯足不对称，长节背缘近末端具刺。雄性腹部呈三角形，雌性腹部呈卵圆形，均分7节。泥脚隆背蟹栖息于浅海软泥底或泥沙底。（图2–259）

图2–259　泥脚隆背蟹

(52) 中华蚶豆蟹 *Arcotheres sinensis* (Shen, 1932)

中华蚶豆蟹属十足目豆蟹科。(图2-260和图2-261)

雌性头胸甲近圆形，表面光滑，侧缘呈弧形，后缘中部凹入。额窄。螯足光滑，第3对步足最长(右足较左足略长)。

中华蚶豆蟹雌性腹部很大；雄性头胸甲较雌性坚硬而小，腹部窄长。

中华蚶豆蟹寄生在牡蛎外套腔中或蛤仔体内。

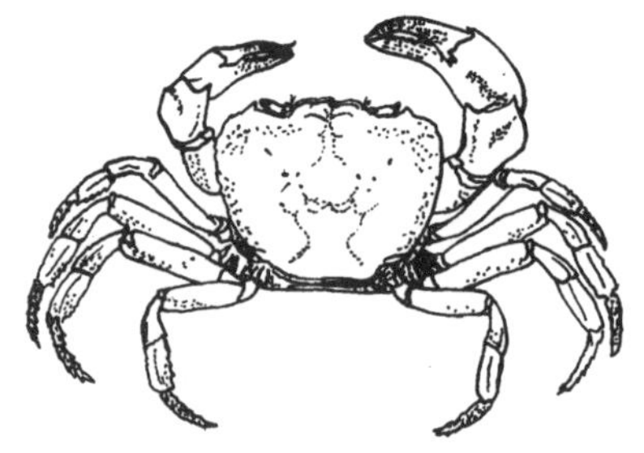

图2-260　中华蚶豆蟹

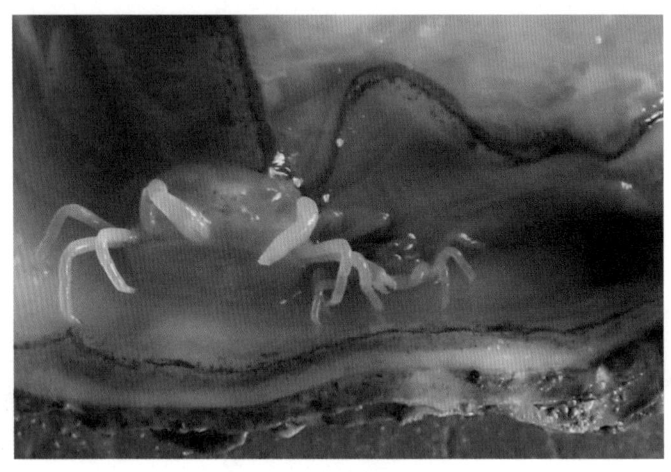

图2-261　中华蚶豆蟹

(53) 青岛豆蟹 *Pinnotheres tsingtaoensis* Shen, 1932

青岛豆蟹属十足目豆蟹科。(图2-262)

雌性头胸甲近似圆形，额较厚，第3对颚足指节超出掌节末端。步足各节边缘都有刚毛，以第2对最长。腹部大。尾节的末端突出。

雄性体形小，额表面中央具一纵沟。

青岛豆蟹生活于渤海鸭嘴蛤及蛤蜊的外套腔内。

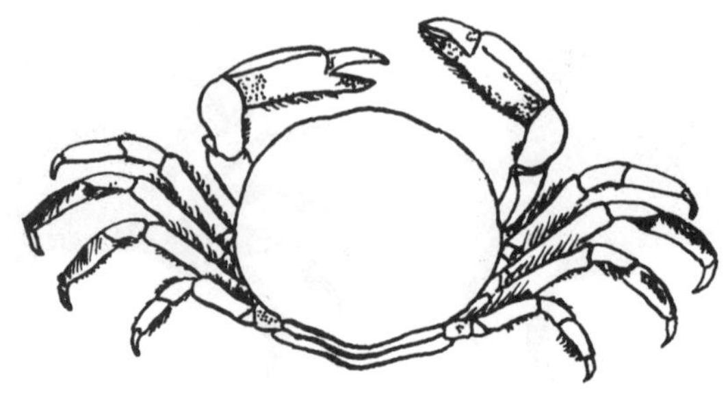

图2-262　青岛豆蟹

（54）**肥壮巴豆蟹** *Pinnixa tumida* Stimpson，1858

肥壮巴豆蟹属十足目豆蟹科。体近似横圆柱状。头胸甲表面光滑，前侧缘部肿胀而隆起，后缘侧倾斜，中部内凹。第1、2对步足较短小而光滑，第3对步足最长，且具刚毛。雄性腹部呈长条状，雌性腹部呈圆形。肥壮巴豆蟹常在海棒槌的泄殖腔里被发现。（图2–263）

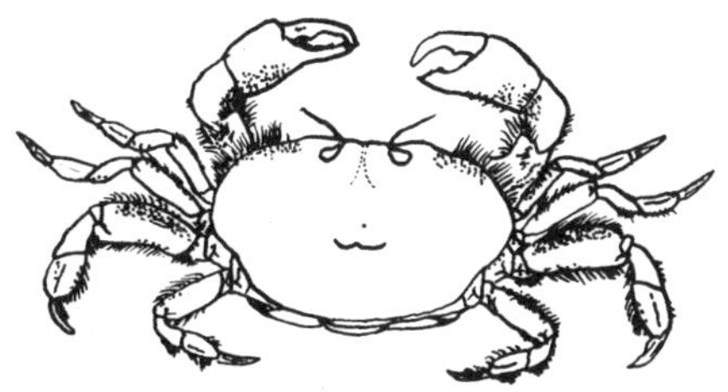

图2–263 肥壮巴豆蟹

（55）**兰氏三强蟹** *Tritodynamia rathbuni* Shen，1932

兰氏三强蟹属十足目大眼蟹科。为小型蟹类。头胸甲横长，近椭圆形，表面具小麻点。额宽接近身宽的1/5，前侧缘具细颗粒。螯足对称，雌性螯足比雄性的小。雄性螯足可动指内缘基部具1枚大齿，雌性的具有2枚大齿。第2、3对步足长节较宽，第4对步足短小。雄性腹部呈三角形，雌性腹部呈圆形。兰氏三强蟹生活于近岸高潮线泥沙底，常与磷虫共生。（图2–264）

图2–264 兰氏三强蟹

（56）**短身大眼蟹** *Macrophthalmus*（*Macrophthalmus*）*abbreviatus* Manning & Holthuis，1981

短身大眼蟹属十足目大眼蟹科。头胸甲之宽为长的2.3倍，前半部分较后半部为宽。额窄而突出，侧缘具软毛，前侧缘包括外眼窝共具3枚齿。眼柄细小。雄性螯足长大，雌性螯足短小。螯足两指仅末端接触基部，形成很宽的空隙。第3对步足最长，第4对步足最短小。雄性腹部呈锐三角形，雌性腹部大且呈圆形。短身大眼蟹穴居于泥滩。（图2–265）

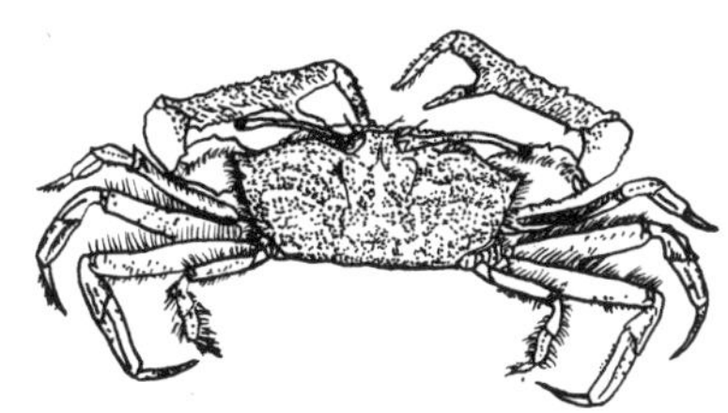

图2–265 短身大眼蟹

(57)日本大眼蟹 *Macrophthalmus*(*Mareotis*)*japonicus* De Haan，1835

日本大眼蟹属十足目大眼蟹科。头胸甲宽为长的1.5倍，表面具颗粒及软毛。额很窄而突出，前侧缘具3枚齿。眼柄细长螯足对称，两指向下弯，雄性螯足比雌性的大。第2、3对步足较第1、4对大。雄性腹部呈三角形，雌性腹部大且呈圆形。日本大眼蟹穴居于低潮线附近的泥沙滩。(图2–266)

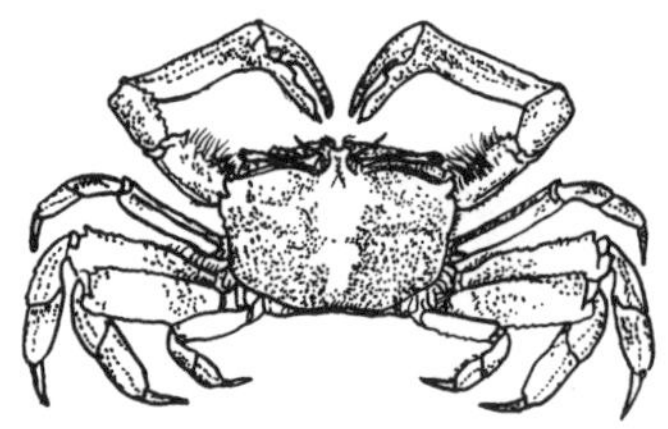

图2–266　日本大眼蟹

(58)痕掌沙蟹 *Ocypode stimpsoni* Ortmann，1897

痕掌沙蟹属十足目沙蟹科。头胸甲呈方形，表面隆起。眼窝大而深，内、外眼窝齿锐。头胸甲前侧缘在外眼窝齿后稍凹。螯足不对称。大螯掌节扁平，内侧面末部具许多纵行隆脊(响器)。第2对步足最长。雄性腹部窄长，雌性腹部大且呈圆形。痕掌沙蟹穴居于高潮线沙滩。(图2–267)

图2–267　痕掌沙蟹

(59)弧边招潮 *Tubuca arcuata*(De Haan，1835)

弧边招潮属十足目沙蟹科。头胸甲前宽后窄。额小，前缘钝圆。上眼眶边缘向后方斜曲，眼柄细长。雄性螯足极不对称。雌性螯足小而对称，与雄性较小螯足相似。雄性腹部长方形，雌性腹部大且呈圆形。弧边招潮穴居于港湾的沼泽泥滩。(图2–268)

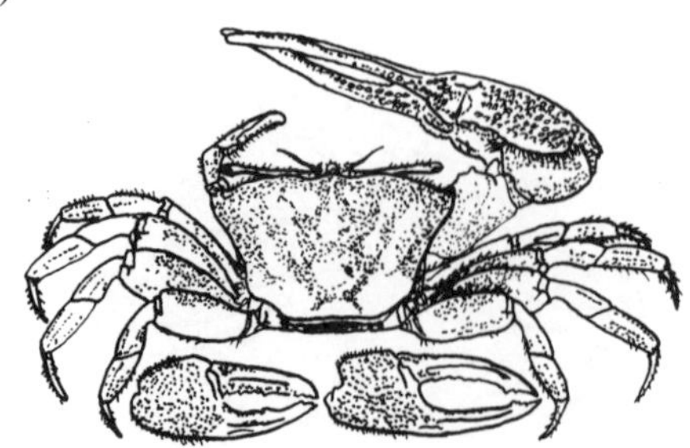

图2–268　弧边招潮

(60) **圆球股窗蟹** *Scopimera globosa* (De Haan, 1835)

圆球股窗蟹属十足目毛带蟹科。头胸甲呈球状，宽为长的1.5倍，表面隆起。额窄，眼柄长，眼窝大，侧线锐。第3对颚足宽而大，螯足略等大。步足长节具有鼓膜，尤以第3对长节的鼓膜最长。雄性腹部长条状，雌性腹部长卵形。圆球股窗蟹穴居于高潮线泥沙滩。（图2-269）

图2-269 圆球股窗蟹

(61) **长指近方蟹** *Hemigrapsus longitarsis* (Miers, 1879)

长指近方蟹属十足目弓蟹科。头胸甲近方形，表面稍隆起，分区可辨，各区均具细颗粒及短毛。额区背面凹陷，额后叶明显。眼窝大，背缘向外倾斜；眼柄粗壮。步足瘦长，扁平，表面具短刚毛和小颗粒，指节特长。雄性腹部呈三角形，雌性腹部大且呈圆形。长指近方蟹生活于泥沙底的石块下。（图2-270）

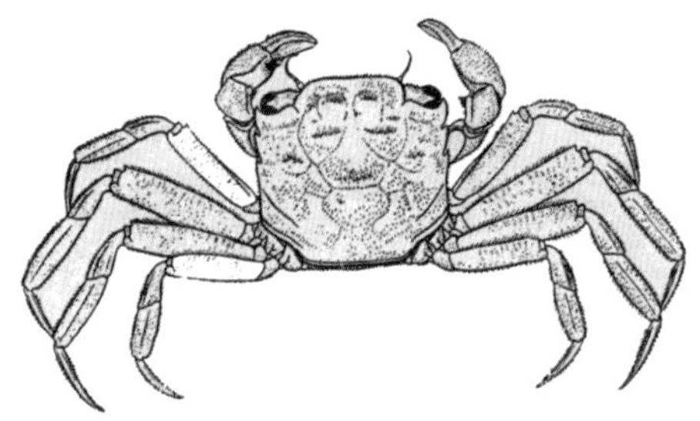

图2-270 长指近方蟹

(62) **中华近方蟹** *Hemigrapsus sinensis* Rathbun, 1931

中华近方蟹属十足目弓蟹科。头胸甲近方形，表面不平，中部具H形凹痕，前胃区隆起，具颗粒。眼窝稍向后倾斜。螯足对称，掌节外侧面的基部有一大团绒毛，两指内缘具大小不等的齿。雄性腹部呈三角形，尾节的末端钝圆；雌性腹部大且呈圆形，尾节呈三角形。中华近方蟹生活于泥沙滩的碎石块下或附近。（图2-271）

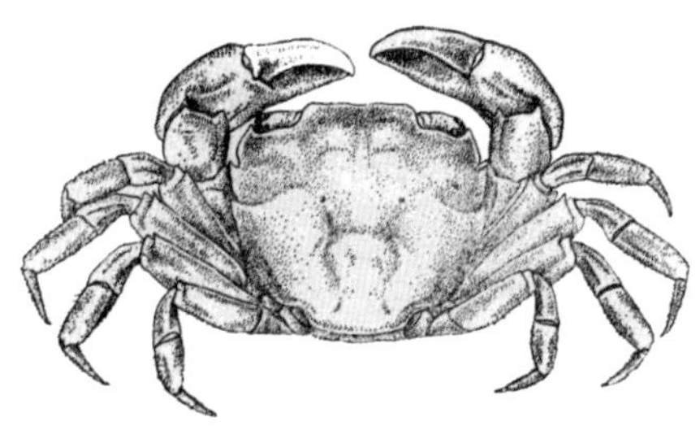

图2-271 中华近方蟹

(63)绒毛近方蟹 *Hemigrapsus penicillatus*(De Haan, 1835)

绒毛近方蟹又称绒螯近方蟹，属十足目弓蟹科。头胸甲呈方形。额较宽，前缘中部稍凹，前侧缘具3枚齿。螯足近指基部具1丛绒毛。雄性螯足比雌性的大。第2对步足最长，第4对步足最短。雄性腹部三角形，雌性腹部圆形。绒毛近方蟹分布于潮上带岩石缝中或石块下。(图2–272)

图2–272　绒毛近方蟹

(64)肉球近方蟹 *Hemigrapsus sanguineus*(De Haan, 1835)

肉球近方蟹属十足目弓蟹科。头胸甲呈方形。额宽为头胸甲长的1/2，前缘平直，中部稍凹，前侧缘具3枚锐齿。雌性眼眶下脊隆线细长，内侧有较粗颗粒。雄性螯足比雌性的大，螯中间具一球形膜泡(雌性无此膜泡)。肉球近方蟹生活于低潮线石缝中或石块下。(图2–273)

图2–273　肉球近方蟹

(65)平背蜞 *Gaetice depressus*(De Haan, 1835)

平背蜞属十足目弓蟹科。头胸甲扁平，略呈倒三角形，表面光滑，前半部较后半部宽。额宽为头胸甲宽度的1/2，中部有较宽的凹陷，两侧凹陷较浅。头胸甲前侧缘包括外眼窝齿在内共有齿3枚。雄性腹部长条状，雌性腹部大且呈圆形。平背蜞生活于低潮线的石块下。(图2–274)

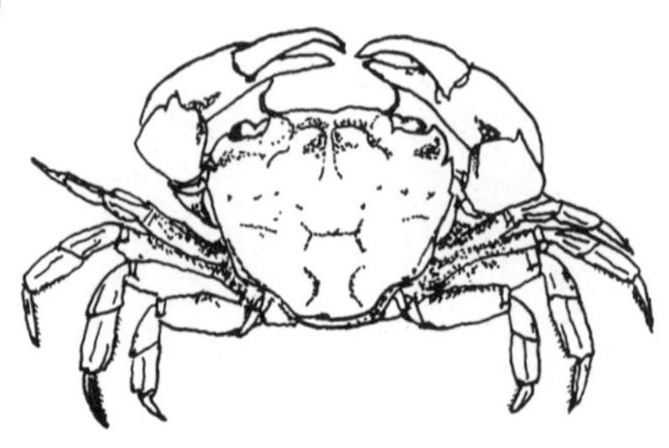

图2–274　平背蜞

(66) 伍氏拟厚蟹 *Helicana wuana* (Rathbun, 1931)

伍氏拟厚蟹又称三齿厚蟹，属十足目弓蟹科。头胸甲略呈四方形，前侧缘有3枚齿，第3枚齿锥形。雄性螯足比雌性的大。前2对步足腕节表面有稠密的绒毛。伍氏拟厚蟹生活于潮间带上部沙泥和软泥中。(图2-275)

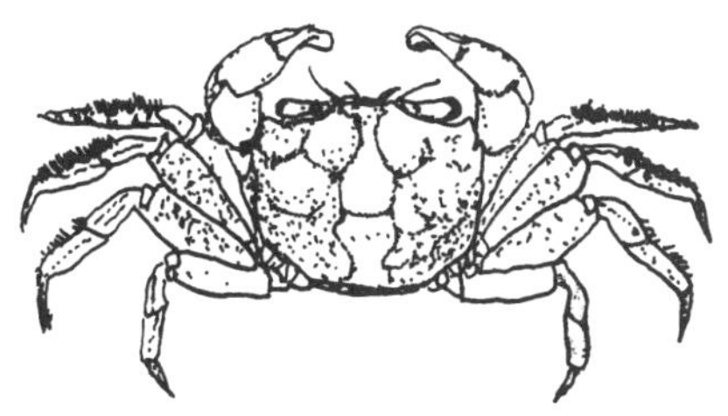

图2-275　伍氏拟厚蟹

(67) 天津厚蟹 *Helice tientsinensis* Rathbun, 1931

天津厚蟹属十足目弓蟹科。头胸甲呈四方形，前侧缘有3枚齿。第1对步足前节前端具绒毛。第2对步足的绒毛稀少或无。雌性腹部大且呈圆形。天津厚蟹生活于潮间带上部沙泥和软泥中。(图2-276)

图2-276　天津厚蟹

(68) 红螯螳臂相手蟹 *Chiromantes haematocheir* (De Haan, 1833)

红螯螳臂相手蟹属十足目相手蟹科。头胸甲呈方形，表面光滑。额宽为头胸甲宽的1/2，前缘平直，侧缘无齿。雄性螯足比雌性的大。第2、3对步足等长，雄性腹部呈三角形。红螯螳臂相手蟹穴居于近海有淡水流入处。(图2-277)

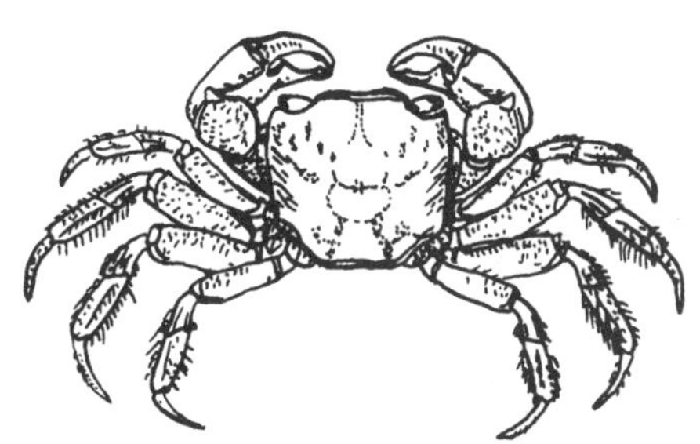

图2-277　红螯螳臂相手蟹

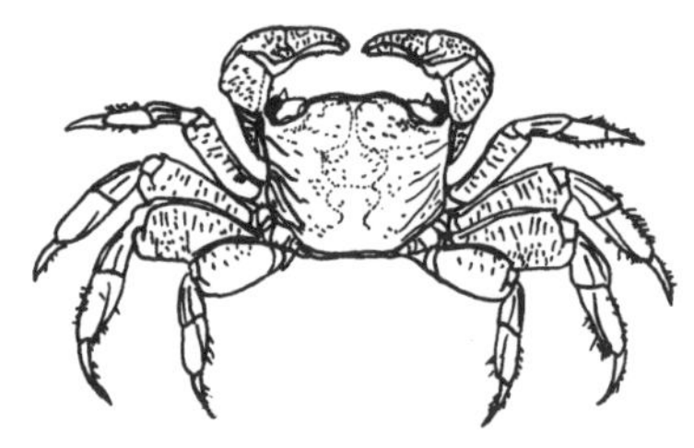

图2-278　褶痕拟相手蟹

(69) 褶痕拟相手蟹 *Parasesarma plicatum* (Latreille, 1803)

褶痕拟相手蟹属十足目相手蟹科。头胸甲宽大于长，表面隆起且后部的4个突起明显。额宽为头胸甲宽的1/2，前缘中部内凹，外缘角突出，侧缘在外眼窝角后具1个明显的齿痕。眼柄粗。褶痕拟相手蟹生活于泥滩石块下。(图2-278)

(70) 隆背体壮蟹 *Romaleon gibbosulum* (De Haan, 1835)

隆背体壮蟹又称隆背黄道蟹，属十足目黄道蟹科。头胸甲背面密覆短绒毛。分区明显。背面密布细颗粒及6个小突起。额窄，具3枚齿，中齿较侧齿长。头胸甲前侧缘具9枚齿，均呈锐三角形。螯足对称。隆背体壮蟹栖息于浅海软泥、泥沙或沙泥碎壳底。(图2-279)

图2-279　隆背体壮蟹

(71) 口虾蛄 *Oratosquilla oratoria* (De Haan, 1844)

口虾蛄属口足目虾蛄科。体形似虾，甚扁平。头胸甲很小。腹部很发达，宽而平扁。眼大。额板略呈方形。第5~7个腹节侧缘皆具2个突起。尾肢双棘突起，肢指节内缘具6个尖刺。口虾蛄生活于浅海低潮线附近的泥沙滩。(图2-280)

图2-280　口虾蛄

十、帚形动物门 Phoronida

帚形动物全部海生，身体呈蠕虫状，具有几丁质栖管。身体前端、口周围生有马蹄形或螺旋状的触手冠。帚形动物门仅有1个科：帚虫科。

图2-281　饭岛帚虫

饭岛帚虫 *Phoronis ijimai* Oka，1897

饭岛帚虫又称毯形帚虫。体呈杆状，长4 cm左右，具有环节，后半部分淡红色。触手黑褐色，基部蜷成马蹄状。饭岛帚虫雌雄同体，集群生活于岩礁岸泥沙中其自身分泌的褐黄色黏液管中。（图2-281和图2-282）

图2-282　饭岛帚虫（来源：Neil McDaniel，WoRMS）

十一、腕足动物门 Brachiopoda

腕足动物全部海生，具2枚壳——背壳和腹壳，以腹壳后端的肉茎固着于岩石、贝壳等坚硬的基质上。腕足动物是最古老的动物类群之一，多样性在古生代的寒武纪、志留纪和泥盆纪达到高峰。

1. 海豆芽纲

(1) 鸭嘴海豆芽 *Lingula anatina* Lamarck，1801

鸭嘴海豆芽又称铲形海豆芽、墨氏海豆芽，属海豆芽目海豆芽科。外形扁平，酷似家用煤锨，躯体部由背壳、腹壳包被。背壳、腹壳表面光滑，豆绿色，有明显的生长纹。背壳小，基部较圆。腹壳较大，基部较尖。外套膜上有白色硅质刚毛。柄细长，呈圆筒状，由内、外两层组成：外层为半透明的角质层，内层为有伸缩能力的肌肉层。两壳宽1 cm左右，长4~5 cm。柄长4~6 cm，乳白色，微带黄色。鸭嘴海豆芽埋栖于高潮区沙泥滩，埋栖深度为10 cm左右。潮退后在滩面留有扁圆形的洞口。（图2-283至图2-285）

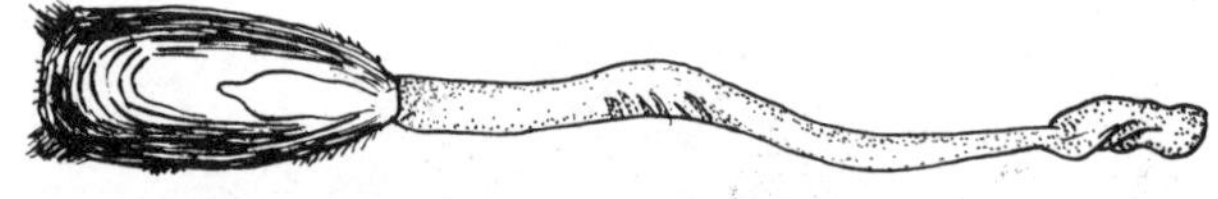

图2-283 鸭嘴海豆芽

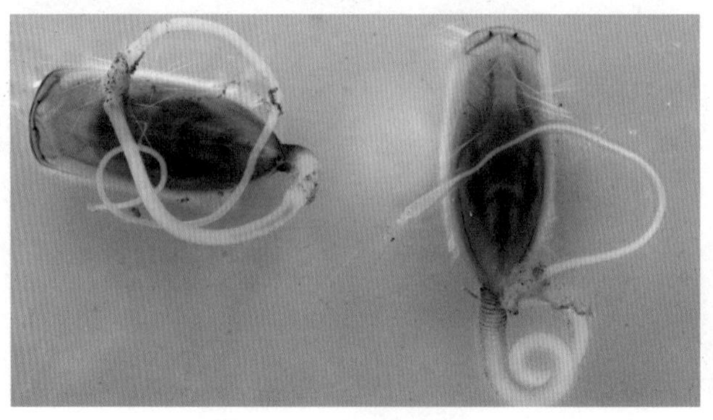

图2-284 鸭嘴海豆芽

图2-285　鸭嘴海豆芽

（2）亚氏海豆芽 *Lingula adamsi* Dall, 1873

亚氏海豆芽又称山东海豆芽，属海豆芽目海豆芽科。特征与鸭嘴海豆芽略同，但个体较鸭嘴海豆芽大数倍。壳为棕褐色（壳宽2 cm，长4 cm左右）。柄亦较鸭嘴海豆芽的粗，长6～10 cm。亚氏海豆芽埋栖于近低潮线泥滩，埋栖深度为25 cm左右。在潮退后，亚氏海豆芽和鸭嘴海豆芽的部分个体会露出滩面0.5 cm多，仔细观察可见到其体前端及两侧成束的白色刚毛。（图2-286和图2-287）

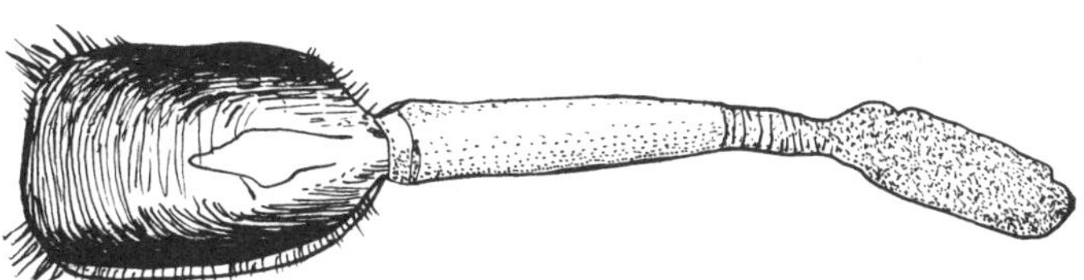

图2-286　亚氏海豆芽

图2-287　亚氏海豆芽

2. 小吻贝纲

酸浆贯壳贝 *Terebratalia coreanica*（Adams & Reeve，1850）

酸浆贯壳贝属钻孔贝目贯壳贝科。外形与双壳纲动物相似，具有背、腹两壳和触冠。两壳大小不等，背壳较小而平，腹壳大而凹。壳略呈扇形，红色，基部稍弯，形成鸟喙状突出，中间有小圆孔。柄部由此孔伸出，固着于浅海岩石上。酸浆贯壳贝喜群居。群居在一起的酸浆贯壳贝似葡萄。（图2–288）

图2–288 酸浆贯壳贝

十二、苔藓动物门 Bryozoa

苔藓动物是营固着生活的水生体腔动物。这类动物是由许多个虫构成的群体。每一个虫由虫体和虫室组成。虫体主要由圆形或马蹄形的触手冠和U形消化管组成，而虫室又叫外骨骼，多为角质、胶质或钙质。苔藓动物因肛门位于口附近，开口于触手冠之外，故又称外肛动物。

（1）**大室别藻苔虫** *Biflustra grandicella*（Canu & Bassler，1929）

大室别藻苔虫属裸唇纲唇口目膜孔苔虫科。群体聚居，呈灰白色或淡黄色。个虫能脱离基质直立生长，背向排列使群体呈牡丹花状。个虫末端两侧无刺或疣突，虫室间以一浅沟相分。大室别藻苔虫附着于潮间带岩石、石块等基质上或浮筒等水下设施上。（图2–289和图2–290）

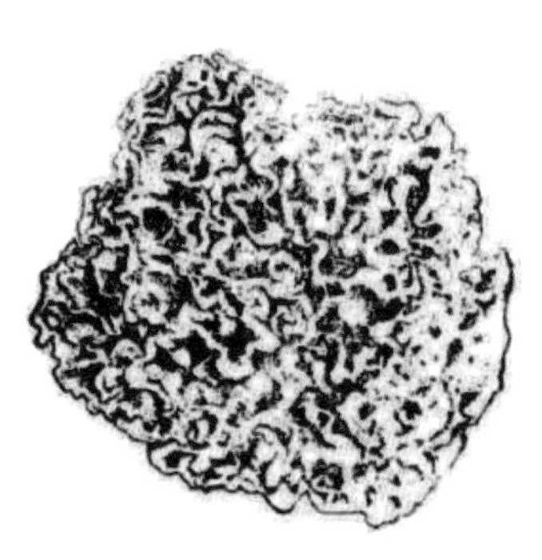

图2-289　大室别藻苔虫

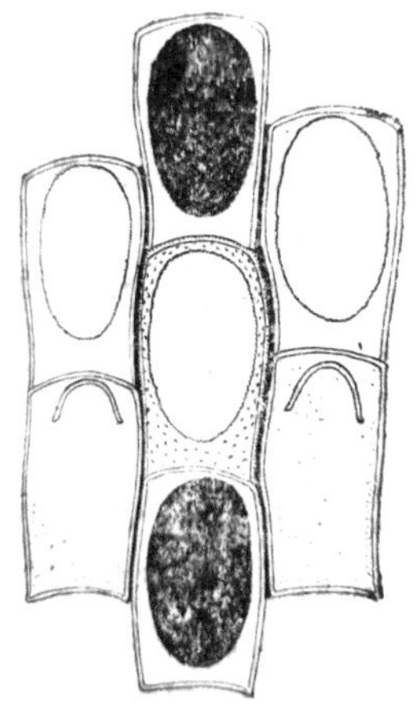

图2-290　大室别藻苔虫

（2）**多室草苔虫** *Bugula neritina*（Linnaeus, 1758）

多室草苔虫属裸唇纲唇口目草苔虫科。群体聚居，呈树枝状，红棕色或紫褐色，固着生活于活动码头两侧、船底、扇贝养殖笼盖上，看上去很像植物。无鸟头体。其触手肉眼难以观察到，须借助解剖（双目）镜才可看得清。（图2-291和图2-292）

图2-291　多室草苔虫（摄影：曾晓起）

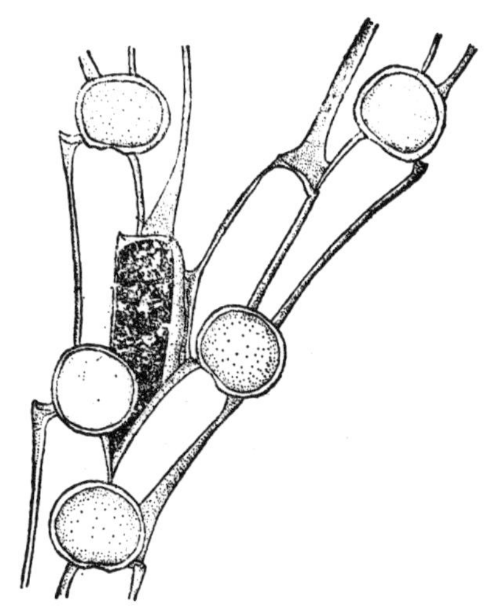

图2-292　多室草苔虫

十三、棘皮动物门 Echinodermata

棘皮动物全部海生。其骨骼发达，具独特的水管系统，体表一般具棘，因而得名。成体多呈辐射对称。棘皮动物分布广泛，从潮间带到数千米的深海都有分布。

1. 海星纲

（1）海燕 *Patiria pectinifera*（Muller & Troschel, 1842）

海燕属瓣棘海星目海燕科，为沿海岩礁岸常见的海星之一，一般有5只腕，整体呈五角星状。个别个体有4～6只腕。反口面颜色变化大，从完全深蓝色到完全丹红色的都有，通常是深蓝色或灰蓝色与丹红色交互排列，骨板呈覆瓦状排列。口面为橘黄色，骨板呈不规则多角形。步带沟里细小步足清晰可见。海燕附着生活于低潮线海藻繁茂的岩礁及附近沙滩上。（图2–293和图2–294）

图2–293　海燕

图2–294　海燕（摄影：曾晓起）

(2) **多棘海盘车** *Asterias amurensis* Lutken, 1871

多棘海盘车又名粗钝海盘车，属钳棘目海盘车科。为潮间带沙滩和岩石底质常见海星，也是解剖实验的优秀教学材料。其一般有辐射排列的5只腕，个别个体有4只或6只腕。腕基部较宽，向末端逐渐变尖。每腕有管足4行，管足末端有吸盘。反口面蓝紫色与黄白色相间，骨板结合为不规则网目状，有许多结节状突起，上面还有短棘。口面黄褐色或深黄色。多棘海盘车以双壳类为食，故为贝类养殖的天敌。冬、春季节其腕内充满卵。卵可供食用，味鲜美，但有人食用后过敏，上吐下泻。多棘海盘车可用于农业生产，沿海渔民多用它沤肥。（图2–295和图2–296）

图2–295　多棘海盘车（摄影：曾晓起）

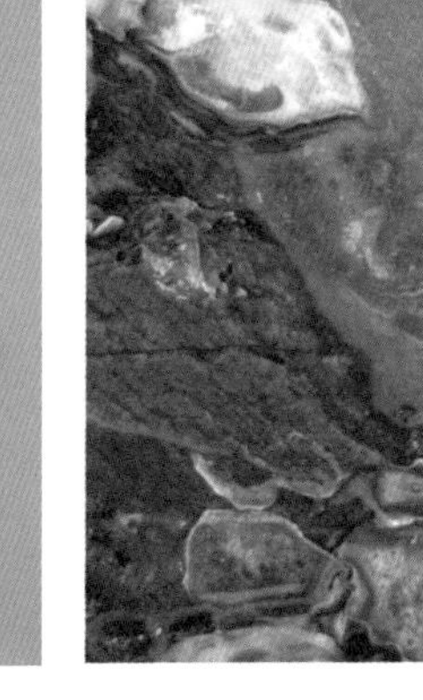

图2–296　多棘海盘车

(3) **砂海星** *Luidia quinaria* von Martens, 1865

砂海星属柱体目砂海星科。体盘较小，腕扁平而窄长。每腕有管足2行，管足末端不具吸盘。反口面灰棕色，密布小柱体。口面的侧步带板、下缘板和腹侧板均呈规则的横行排列。砂海星生活于10 m以下水深的浅海泥沙滩，在低潮线偶可发现。（图2–297）

图2–297　砂海星（摄影：曾晓起）

2. 海胆纲

（1）哈氏刻肋海胆 *Temnopleurus hardwickii*（Gray, 1855）

哈氏刻肋海胆属拱齿目刻肋海胆科。壳较低平，呈半球形。个体较小，成体壳直径约为40 mm。反口面为黄褐色，没有紫红色横斑，各棘基部为黑褐色。口面大棘稍扁平，基部褐色。壳板水平缝合线上有小而清晰的凹痕。哈氏刻肋海胆附着生活于5～35 m水深的浅海，在渔获物中常采到。（图2–298）

图2–298　哈氏刻肋海胆（摄影：曾晓起）

（2）细雕刻肋海胆 *Temnopleurus toreumaticus*（Leske，1778）

细雕刻肋海胆属拱齿目刻肋海胆科。壳形变化很大，从低半球形到高锥形的都有。反口面大棘短小；口面大棘较长，略弯曲；赤道部大棘最长。大棘灰绿色、黄褐色或淡黄色，带3条或4条红紫色或紫褐色横带。赤道部以上步带板的缝合线上有三角形凹痕。细雕刻肋海胆生活于潮间带到50 m水深泥沙滩。用小型底拖网可大量拖采到。渔民多将其用作肥料。其棘刺易断并含有毒素，刺入人体会让人痛痒难忍。（图2–299）

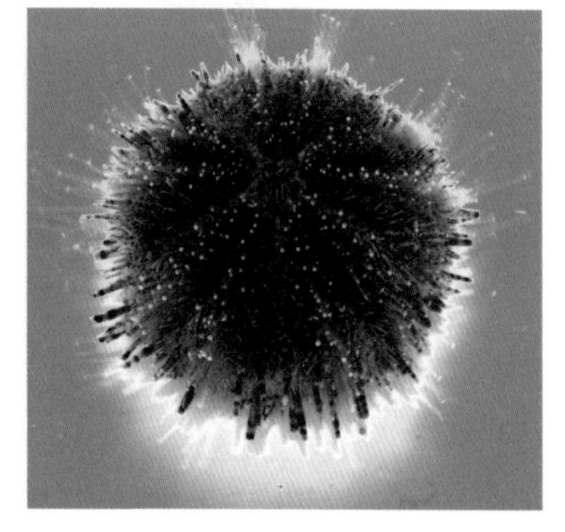

图2–299　细雕刻肋海胆（摄影：曾晓起）

（3）马粪海胆 *Hemicentrotus pulcherrimus*（A. Agassiz，1864）

马粪海胆属拱齿目球海胆科。其从外表上看与哈氏刻肋海胆相似，但个体较大。成体壳直径为4～5 cm，高度约等于壳的半径。步带在赤道部几乎和间步带等宽。壳板很矮，上面的疣足密集，故各板界限不很清楚。管足孔每4对排列成很斜的弧形，近于水平。体大多暗绿色，带有紫灰色、红灰色、白褐色或赤褐色。马粪海胆附着在藻类繁茂的岩石下或岩礁缝隙里。其卵可食用，在日本被加工成“云丹酱”，是一种高档食品。（图2–300）

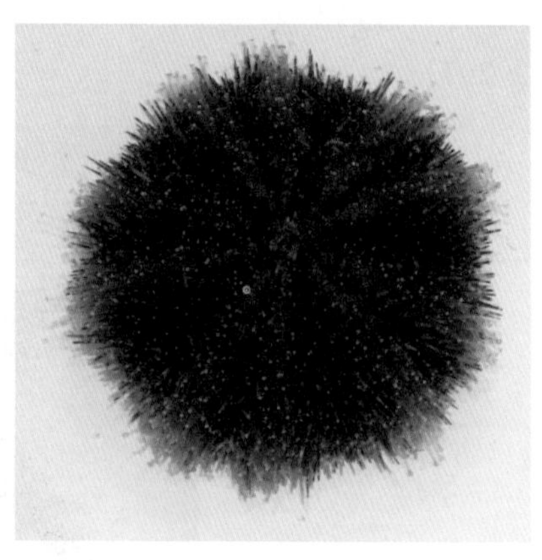

图2–300　马粪海胆（摄影：曾晓起）

（4）**光棘球海胆** *Mesocentrotus nudus*（A. Agassiz，1864）

光棘球海胆属拱齿目球海胆科。其生活于较深水域，沿岸极少见到，需要时可潜水采集。有时在集贸市场海鲜摊上可买到。（图2–301）

图2–301　光棘球海胆

（5）**心形海胆** *Echinocardium cordatum*（Pennant，1777）

心形海胆属心形目拉文海胆科。外形心脏状，草黄色。壳薄，密布绒毛状细棘。空壳常因体内装满细沙而极易碎。心形海胆埋栖于低潮线及潮下带细沙滩，一般在冬、春季大潮和夏季夜晚大潮时出现在沙滩上，但在照明设备的亮度太小的情况下不易被采获。（图2–302）

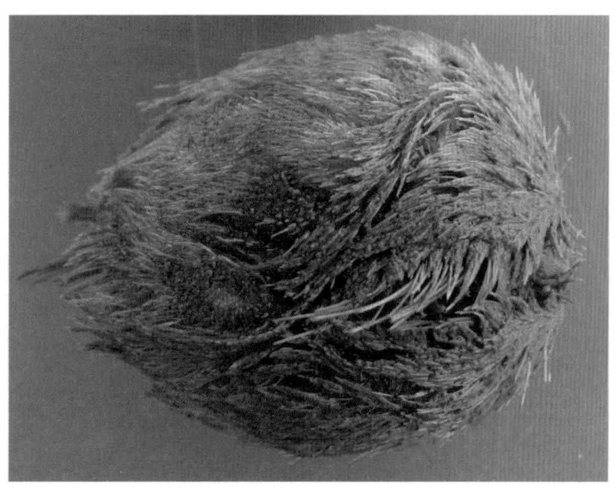

图2–302　心形海胆（摄影：曾晓起）

3. 蛇尾纲

(1) 滩栖阳遂足 *Amphiura* (*Fellaria*) *vadicola* Matsumoto, 1915

滩栖阳遂足属仿阳遂足目阳遂足科。体盘较小（直径1 cm左右），而5只腕特长（每只腕长10～18 cm）。体背面灰褐色或棕褐色，腹面淡棕色。滩栖阳遂足埋栖于潮间带中下区沙泥底内，潮退后留在滩面，目标易辨。在黄色沙滩表面有一小片（3 cm×5 cm）黑灰色黏稠稀泥，这是它排出的细条状排泄物被水冲稀而成的。在穴周围有积水处常可发现其触手尖端露出滩面。其埋栖深度约20 cm。（图2-303）

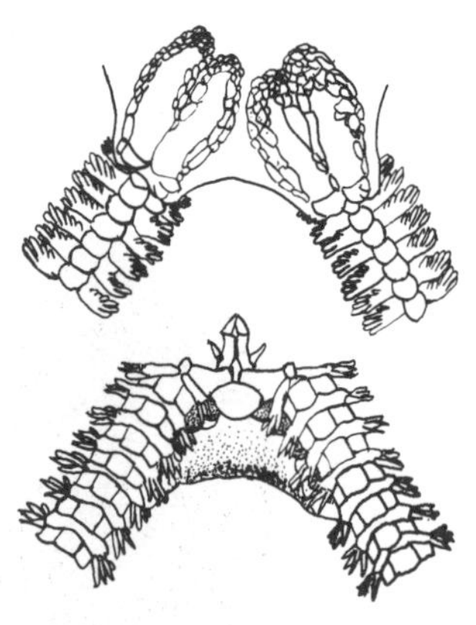

图2-303　滩栖阳遂足

(2) 马氏刺蛇尾 *Ophiothrix* (*Ophiothrix*) *exigua* Lyman, 1874

马氏刺蛇尾属仿阳遂足目刺蛇尾科。反口面有密集的棘刺，小刺上又有玻璃状透明的细刺。腕5只，长4～6 cm。腕棘为7～9个，腹面第一腕棘呈沟状。体呈褐色、蓝绿色、紫色或红色等，变化大。马氏刺蛇尾附着生活于低潮线水洼中较大石块的反面。其腕较脆，易断。（图2-304）

图2-304　马氏刺蛇尾（摄影：曾晓起）

4. 海参纲

(1) 仿刺参 *Apostichopus japonicus*（Selenka，1867）

仿刺参俗称海参，属辛那参目刺参科，是我国华北沿岸浅海产量多、营养丰富、经济价值较高的食用种类。成体体长15~30 cm，背腹平坦，管足排列成3条纵带，背面有4~6行排列不甚规则的疣状肉刺。体色变化大，一般背面黄褐色或墨绿色，腹面颜色较淡，极个别的全身白色。仿刺参多生活于海藻较多、风平浪静的海底岩礁间的细泥沙滩上。其动作缓慢，有时隐藏在石块下，而滩面上留有长短不一、粗若竹筷的条状排泄物，在周围搜寻即可找到。因为酷捕滥采，20世纪70年代后，沿岸浅海底很难看到其踪影了。目前我国水产工作者经过努力已掌握了仿刺参的人工育苗养殖技术。市场及养参场里可买到活的仿刺参。经加工的仿刺参干制品价格不菲，已成为高档的营养品。（图2-305和图2-306）

图2-305　仿刺参

图2-306　仿刺参

（2）**棘刺锚参** *Protankyra bidentata*（Woodward & Barrett，1858）

棘刺锚参属无足目锚参科。体呈蠕虫状，淡红色、灰红色或红紫色，用手触摸有棘刺感。体壁薄，半透明。触手12个，各触手上端有4个指状小枝。成体体长可达20 cm。棘刺锚参埋栖于潮间带至20 m水深的泥沙底。（图2–307和图2–308）

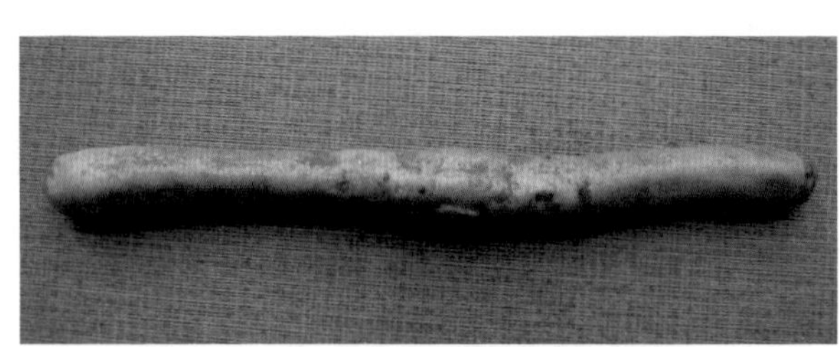

图2–307 棘刺锚参（摄影：曾晓起）

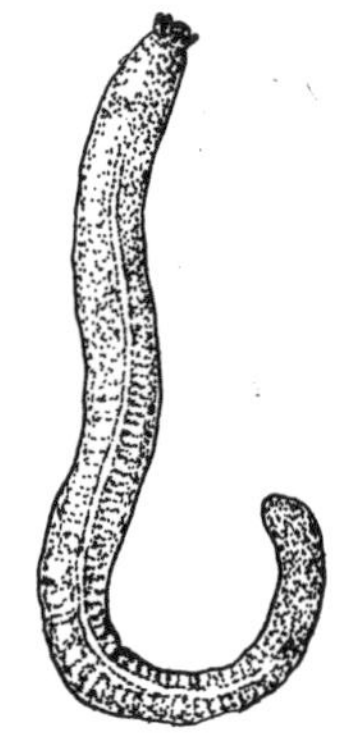

图2–308 棘刺锚参

（3）**钮细锚参** *Patinapta ooplax*（von Marenzeller，1882）

钮细锚参又称卵板步海参，属无足目锚参科。体较小，呈蠕虫状，光滑而无棘刺，前后粗细不均，极易自切自断。体壁薄，半透明。触手12个，各触手具4～5对侧枝和1个顶枝。钮细锚参埋栖于潮间带泥沙中，在砾石或碎石底的泥沙中尤其多。其洞口常有一堆细沙。（图2–309）

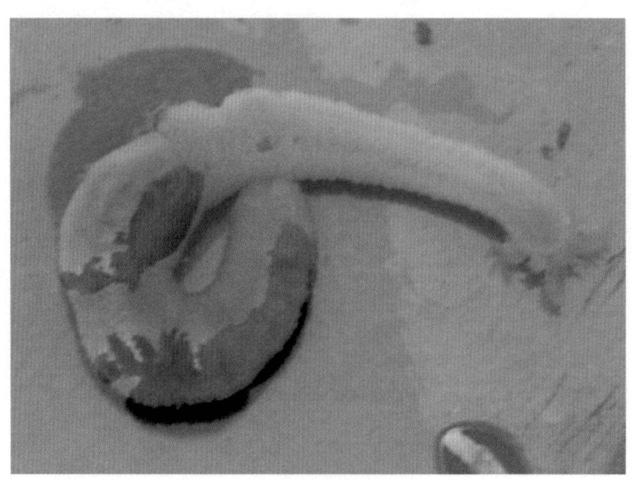

图2–309 钮细锚参

(4) 海地瓜 *Acaudina molpadioides* (Semper, 1867)

海地瓜因体酷似地瓜(红薯)而得名,属芋参目尻参科。体表皮薄而半透明,稍呈纺锤形,表面光滑,无管足;前端钝,有触手15个;尾端细,肛门附近有小型疣足5个。海地瓜埋栖于软泥滩内,穴道稍倾斜。(图2-310)

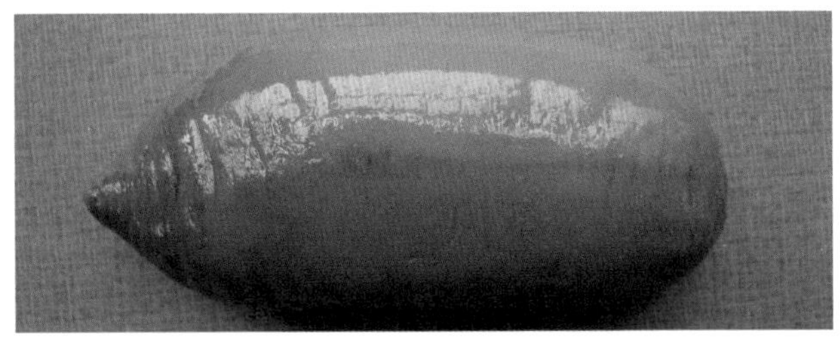

图2-310 海地瓜(摄影:曾晓起)

(5) 海棒槌 *Paracaudina chilensis* (J. Müller, 1850)

海棒槌俗称海老鼠,属芋参目尻参科。体似萝卜,又似洗衣服的棒槌,宽2.5~4 cm,乳白色,有的微带淡蓝紫色,半透明。体表不具管足,前端有15个触手。每个触手末端有4个指状小枝。海棒槌穴居于低潮线区沙滩,穴道呈U形。(图2-311和图2-312)

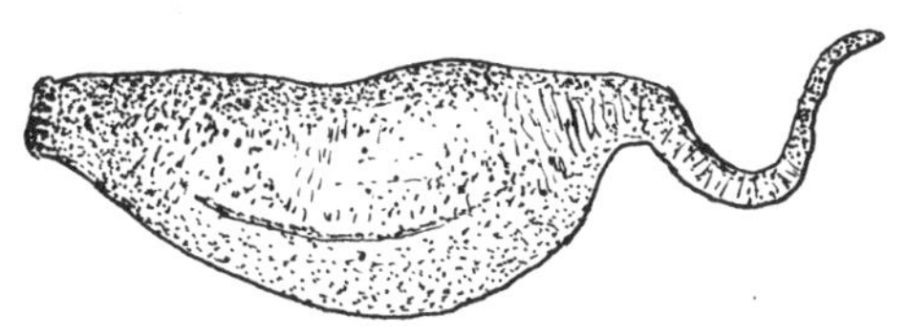

图2-311 海棒槌

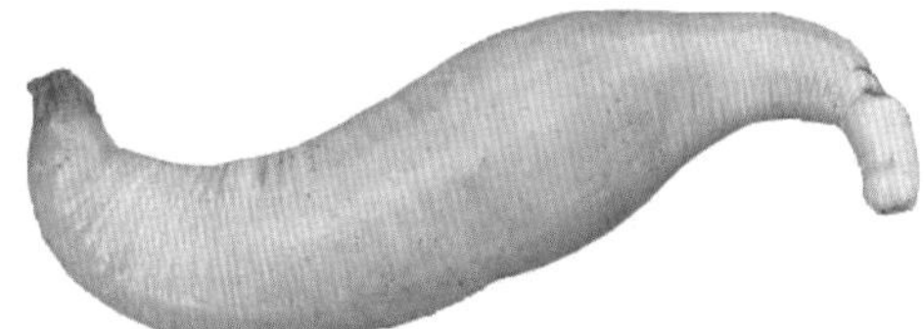

图2-312 海棒槌

5. 海百合纲

锯羽丽海羊齿 *Antedon serrata* (A. H. Clark, 1908)

锯羽丽海羊齿属栉羽枝目海羊齿科。体黄色或茶褐色,腕和羽枝上有深褐色斑纹。腕10只,每只腕长3~6 cm。中背板为半球形,生有卷枝40~55根。每根卷枝由10~14节构成,末端弯曲成钩爪状。口生于盘中央,肛门位于盘的边缘。锯羽丽海羊齿以柄固着生活于低潮区海藻丛生的岩礁上,常被误认为是海藻。其腕及羽枝遇到刺激极易自切而断掉,也能再生。潮退后,其腕及羽枝倒伏在岩礁或水洼中的岩石上,常与海藻相混,较难发现。(图2-313)

图2-313 锯羽丽海羊齿(摄影:曾晓起)

十四、半索动物门 Hemichordata

半索动物又称隐索动物，蠕虫状，全部海生，穴居或管居。

(1) 三崎柱头虫 *Balanoglossus misakiensis* Kuwano, 1902

三崎柱头虫为国家二级重点保护野生动物。

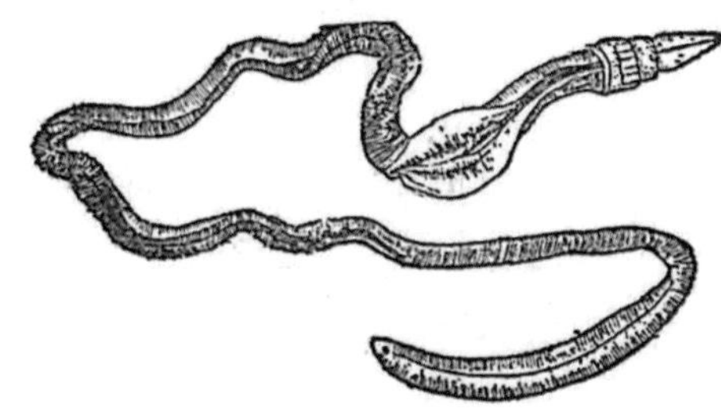

图2–314　三崎柱头虫

三崎柱头虫属殖翼柱头虫科。体长20～35 cm。吻圆锥形，长约1 cm。背中线具纵沟，以短柄与领部相接。领部短圆柱状，长约等于宽，为1.5 cm左右。腹面有口。领后躯干部前端为生殖翼。雄性生殖翼黄褐色，雌性生殖翼灰紫褐色。肝盲囊区黄绿褐色。尾区圆筒状，末端为排泄孔。三崎柱头虫埋栖于潮间带中、下区沙滩或泥沙滩。其穴道不规则弯曲，自身能分泌黏液以利于活动。采挖时能嗅到它释放出的碘味。潮退后，在滩面留有漏斗状穴口，口径仅1 mm，很易与星虫等的穴相混。(图2–314)

(2) 黄岛长吻虫 *Saccoglossus hwangtauensis* Tchang & Koo, 1935

黄岛长吻虫为国家一级重点保护野生动物。

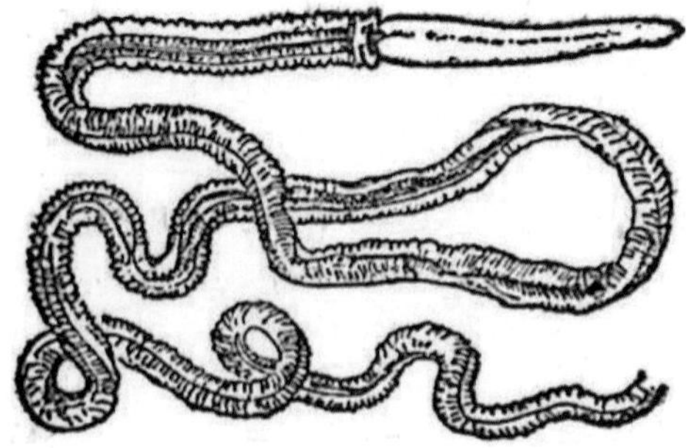

图2–315　黄岛长吻虫

黄岛长吻虫属玉钩虫科。体粗若竹筷，长30～55 cm。吻圆柱状，稍扁，长近2 cm，宽0.5 cm左右。领杏黄色，宽而短。躯干部仅分为绿褐色的鳃生殖区和杏黄色的腹尾区。背面生殖翼间有2条黄褐色的隆起，其外具有鳃孔数十对。腹部呈圆柱状，表面光滑。黄岛长吻虫埋栖于潮间带中上区泥沙滩。(图2–315)

十五、脊索动物门 Chordata

脊索动物门分为头索动物亚门Cephalochordata，被囊动物亚门Tunicata和脊椎动物亚门Vertebrata。其中，头索动物和被囊动物因没有真正的脊柱被归为无脊椎动物。

1. 被囊动物亚门

被囊动物全部海生，因成体覆盖着由皮肤分泌形成的纤维状被囊而得名。被囊动物为小型海洋动物，幼体尾部有脊索存在，所以又称尾索动物。该类动物遍布于世界各大海域，营固着或浮游生活。

(1) **玻璃海鞘** *Ciona intestinalis*（Linnaeus, 1767）

玻璃海鞘属海鞘纲扁鳃目玻璃海鞘科。体透明，高3.5～6 cm。出入水管位于顶端。入水管具8个瓣，出水管具6个瓣，瓣上可见有淡红色斑点。其纵肌和消化道明显可见。玻璃海鞘固着生活于浅海活动码头两侧、码头护木上、船底等处。（图2-316和图2-317）

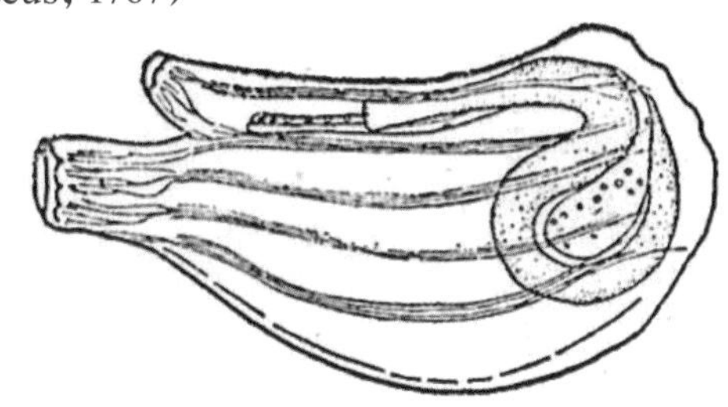

图2-316　玻璃海鞘

图2-317　玻璃海鞘（来源：Jean-Paul Vanderperren，WorMS）

(2) **青岛菊海鞘** *Botryllus tsingtaoensis* Ge & Zan, 1983

青岛菊海鞘属海鞘纲复鳃目柄海鞘科。在青岛沿海常见，为一种体呈不规则叶片状的、营群体生活的海鞘。其有黄色、紫色、褐色、红色等多样体色。青岛菊海鞘固着生活于潮间带岩石、海藻、贝壳，以及码头护木、船底等处。(图2-318)

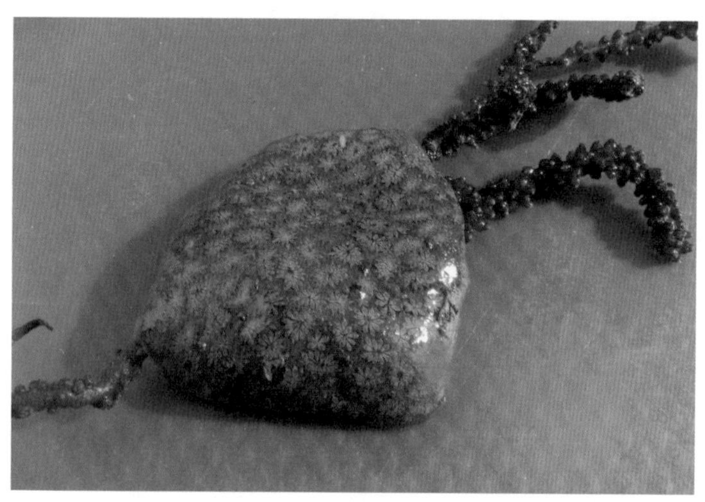

图2-318 青岛菊海鞘（摄影：曾晓起）

(3) **柄海鞘** *Styela clava* Herdman, 1881

柄海鞘属海鞘纲复鳃目柄海鞘科。体黄褐色，表面有皱褶，分躯干与柄两部分。躯干粗若拇指，柄的直径约为手指直径的1/2。出、入水管较短小。柄海鞘以其柄末端固着生活在船底、石块、贝壳、扇贝养殖笼底部等处。(图2-319)

图2-319 柄海鞘

2. 头索动物亚门

头索动物全部海生。该类动物终生保留脊索，且脊索延伸至背神经管的前方，因而得名。脊索动物又因缺少真正的头和脑，因此也称无头动物。头索动物亚门仅有一个纲：头索纲，即文昌鱼。

日本文昌鱼 *Branchiostoma japonicum*（Willey, 1897）

日本文昌鱼为国家二级重点保护野生动物。日本文昌鱼属狭心纲双尖文昌鱼目文昌鱼科。体扁平，两端尖，分为头、躯干及尾部，淡粉红色，长一般为5 cm左右，宽0.5 cm。头不太明显。腹面有一漏斗状凹陷（名前庭），其周围有口须40余条。脊索贯穿身体背面。雌性生殖腺黄色，雄性生殖腺乳白色，清晰可见。日本文昌鱼埋栖于低潮线以下浅海沙滩底。其幼体可做成横切或整体装片标本。（图2–320）

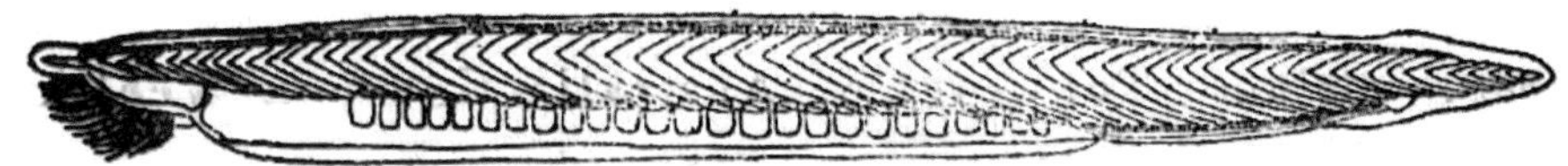

图2–320　日本文昌鱼

方法篇

一、采制流程

在学习有关无脊椎动物生物学的基础理论知识之后，通过科学的方法，在野外现场对实物进行观察和采集。这一活动的参与者将理论知识用于实践，并通过实践过程中的感性认识升华对理论知识的理解，使理论知识与实践相辅相成。通过实地观察研究，可进一步了解各种不同形态结构的动物在自然状态下的生活状态、栖居方式、各自对环境的适应方式，以及理化等因素对生物的影响等，培养个人鉴别分析能力，促进对生物生活规律的掌握。与此同时，学会采集和制作标本的技术，并根据所采得的标本，参阅有关资料，初步掌握对标本的分类鉴定方法，可巩固理论知识，为无脊椎动物的研究和开发工作打下基础。

潮间带无脊椎动物标本采制通常分为采集、鉴定、标本制作等步骤。其中，标本制作包括标本麻醉、固定、保存与管理维护等。由于受现场环境分类鉴定条件、生物易损性等因素制约，标本固定亦可在鉴定之前进行。在“生物篇”中已经介绍黄渤海潮间带常见无脊椎动物的分类特征与生活习性，本篇着重讲解标本采集与制作方法。

二、标本采集

1. 注意事项

(1) 周密计划，合理安排

去潮间带工作的时间取决于潮汐情况。必须事先制订好周密的计划，例如根据潮汐表上的潮时、潮位，选定要去的地区、日期、时间。还要做好其他准备工作，将采集工具、护具准备齐全（到泥质或沙质滩涂去别忘记带铁锹），路远的情况下还要联系交通工具，携带常用的应急药物（外用药和内服药）等。

当潮退后，到不同底质的潮间带滩涂或岩礁岸去观察或采集无脊椎动物时，必须提前了解其栖息环境、生活习性，包括埋藏于底内（管里或穴洞里的）的动物在潮退后在滩面留下的痕迹等，有的放矢，才能保证工作顺利进行。对采集地点，事先应有所选择，兼顾多种底质环境。采集地点确定后，查阅一下该地有无相关环境现状报道，另外还应查阅地图、海图和卫星图，了解该地的地理环境。

(2) 掌握规律，抓紧时间

所谓赶潮，是指利用潮水开始退落到升涨的几个小时（具体时间可预先查潮汐表或计算好潮时、潮位），到潮间带采集或拾取有经济价值或其他用途的海洋生物。因此，赶潮的要点在于准确把握潮水涨落时间，否则潮涨后岩礁或滩涂被淹没，相关工作无法进行。

因为潮汐表上标的低潮时为最低潮位，之后潮水就开始回涨了，所以一般要比低潮时提前2 h抵达海滩，并随着潮水的逐渐退落进行工作。工作时要随着潮水的下落向低潮区转移，切勿一进入海滩就被少数最常见的种类所吸引，而在高潮区滞留不前，以免错过对更多种类的观察和采集的机会。

(3) 注意观察，随时记录

对生物的生态、栖居方式、周围环境及共同生活的类群等，要做到细心观察并随时记录。只靠大脑记忆终究是有限的。某些具体或珍贵资料，当时不加记录，过后则易于遗忘。

(4) 准备工具，爱惜清理

“工欲善其事，必先利其器。”有充分的准备才不会措手不及，才不会影响工作的顺利进行。除每个人必备的胶靴（鞋）、采集桶、广口瓶、指形管、放大镜、大镊子、小镊子及手套等，还应根据采集环境配备工具。例如，采集地是滩涂（沙滩、滩、泥沙滩）应带铁锨；去岩岸不需带锨，但要带铁锤、钢凿、小铲及铁钩，随船出海进行潮面采集则需带长柄捞网、浮游生物网、底栖拖网或采泥器等。工具应随时检查，以免丢失或遗忘在海滩上，妨碍工作的顺利进行。用过的工具回到室内要用淡水冲刷擦干，金属器皿还应涂凡士林防锈，以备以后再用。

(5) 注意安全

有些海洋动物是有毒的，采集时应当特别注意。有的动物有毒棘（海胆等）、刺细胞（海葵、海蜇等）等，而水底海藻丛中常隐藏着有剧毒的鬼鲉鱼（俗称“海蝎子”），故最好戴手套或用镊子，不要直接用手触摸，以防被刺伤或中毒。采到这类动物后，立即放入采集桶，切勿拿在手里观赏或摆弄。

在岩礁岸上布满海藻和锋利的牡蛎壳，行走时应提防滑倒或手脚被划破，因此线织手套是必备的工具。

在软泥滩行走，身体应微向前倾，重心放在脚尖，否则会愈陷愈深而不能自拔。

乘船出海则更应强调注意安全。

(6) 标本的数量

如条件许可，尽可能采集齐某种生物不同生长阶段的标本，而且要保证标本完整。通常在以后的研究中才有可能对标本进行更加详细的比较，也可能需要同有关单位交换标本。如果每种生物只采一两个标本，则不能达到上述要求。对于有相似种存在或个体、群体有变异的某些种类，更应多采集。对于比较少见的种类，虽然只遇到不完整的标本，也要采回，以便研究。它能为我们提供这种动物在此地区的分布证据。如在以后采集中采到了足够的完整标本，则可将不完整的标本适当处理。

(7) 地方名及用途

一种动物往往有多个名字。甲乙两地即使相距不远，对同一种动物的叫法也可能不同。例如牡蛎，在北方沿海叫海蛎子、蛎黄、蛎子，在福建、广东、广西沿海则叫蚝。因此，在调查采集时，必须注意某种动物在当地的俗名。调查清楚地方名称对品种交流、统一名称，甚至在了解古书中有关记载等方面都是有帮助的。询问某种地方名时，最少问两个人以上，以一致为准。同时，不应为采集而采集，还应了解生物各方面的情况，包括它们的用途、产量和利用方法等，掌握生物的分布规律，为进一步针对它们开展研究工作打下基础。

(8) 按动物特点分别盛装

将采集到的动物根据其个体的大小、软硬以及摄食习性的不同，分别选择放入瓶中或桶中，且每一容器中不宜放置过多，避免出现压坏挤伤的情况，以保证材料的完整。切勿混杂盛装，否则互相缠绕挤压，很易造成生物自切、自腐等而徒劳无功。容器中的海水应更换几次，在天气炎热时更应当注意。

（9）要注意保护生态环境

当潮水退去，各种各样的生物隐藏到有空隙的礁石下面。采集时，我们需要翻转一些大小不同的石块。石块下面生活的海洋生物极多，因此采集了所需标本后，还必须将被翻转过的石块翻转回去，以保护其他生物的生存。否则，石块下的生物长时间暴露在外，能爬行的动物还可以转移到别处隐藏，而营固着生活的生物则有涸死或被太阳晒死的危险。我们在采集时要注意保护自然生态环境。

（10）要细心并且有耐心

做采集工作，不但要有不怕苦、不怕累、忘我劳动的精神，而且应当细心和耐心，只有这样才有可能得到比较满意的收获。如果粗心大意、走马观花地采集，而不蹲下来细心和耐心地去寻找，结果只能采到个体较大的、常见的标本，小型或具保护色的标本便会被遗漏。

（11）及时分散放置处理

这一点必须特别强调，因为采集标本是一项既辛苦又细致的工作。采集结束回到室内后，必须立即将采获的材料分别放于盛有新鲜海水的洁净容器中（如搪瓷盘、盆、培养皿等），使动物逐渐适应并恢复自然形态。这样才便于对动物进行麻醉处理。由于采集工作过程和往返途中付出一定的劳动，身体必然会感到疲乏和饥饿。回到住处，思想上往往会麻痹放松。如果只忙于换洗、休息、用餐，而忽略了对材料的及时分散整理，动物被长时间搁置一旁，无法适应水温等发生变化的新环境，或者因挖掘时受到刺激或损伤而未得到及时处理，或者因混挤时间过久等，就会出现意外，前功尽弃。

（12）国家重点保护野生动物采集须知

如果采集到已列入《国家重点保护野生动物名录》的野生动物，应当立即无条件放生。确需捕捉国家重点保护的海洋野生无脊椎动物的，必须申请特许捕捉证，并按照特许捕捉证规定的种类、数量、地点、期限、工具和方法进行捕捉，防止误伤受保护的野生无脊椎动物或者破坏其生存环境。捕捉作业完成后，应当及时向捕捉地的县级人民政府渔业行政主管部门或者其所属的渔政监督管理机构申请查验。

2. 采集方法

海洋生物采集规范，常见于《海洋调查规范》系列国家标准和许多专门的著作中。规范化采集对于海洋生态调查至关重要，否则所得资料无法比较分析，也难以说明生态学问题。退潮后，在潮间带滩涂采集动物较为简单，只要手捡、锹挖或镊取等操作，无须复杂的辅助设备。在中潮时和高潮时，潮间带区域没于水下，此时采样环境与潮下带相似，潮间带无脊椎动物采集方法与潮下带无脊椎动物采集方法相同。在此仅介绍行之有效的无脊椎动物的采集方法，其中潮间带无脊椎动物采集方法适用于低潮时

（即退潮后）。

（1）潮间带无脊椎动物采集

① 硬底质（沿岸、船底等）

A. 翻取法

翻取沿岸石块，尤其是集于潮池或水洼中的石块，可采到多种多孔动物、海洋扁虫、苔藓虫、虾、蟹和泥沙中的多毛动物、纽形动物等。（图3–1）

图3–1　翻取法

B. 凿取法

对营固着生活的牡蛎、以基盘固着于岩石上的海葵、以壳板附着的藤壶以及穴居于石灰岩中的海笋等，多使用铁锤、钢凿将动物连同周围岩石凿下来。（图3–2）

图3–2　凿取法

C. 铲取法和手抠法

对于固着生活于岩石上、码头护木上、船底等处的种类，如海绵、日本毛壶、海筒螅、薮枝螅、海榧螅、纵条矶海葵、长牡蛎、黑荞麦蛤、藤壶、柄海鞘、玻璃海鞘、苔藓虫、红条毛肤石鳖、嫁𧊅、史氏背尖贝、皱纹盘鲍、栉孔扇贝、中国不等蛤、贻贝、海葵等，用薄铁铲采取，会获得较完整的个体。对固着或附着于平整的岩石表面或光滑的鹅卵石上的动物，可用手抠法采集。（图3–3和图3–4）

图3–3　铲取法

图3–4　手抠法

D. 快取法

对于用强大的足吸附于岩石上的石鳖、嫁𧊅、鲍鱼等的采集，要出其不意地快速取下，否则难以获得完整的标本。（图3–5）

图3–5　快取法

② 软底质（泥、沙滩）

在有经验的人带领下，识别不同潮区、不同洞穴和栖管，是有目的采集的好方法。盲目挖掘不利于保护资源，也无益于认识多种多样的潮间带动物。

A. 断面法

采集埋藏于沙滩、泥滩、泥沙滩内，栖居于U形（滩面有2个开口）管或洞穴中的动物，如磷虫、沙蠋、竹节虫、短吻铲荚螠等，采用断面法效果较好。在距管口或洞口两侧10 cm左右处，垂直向下挖掘，使其管或洞穴显露出来，然后切剖断面，去掉多余的泥沙，这样较有把握获得完整的个体。（图3–6）

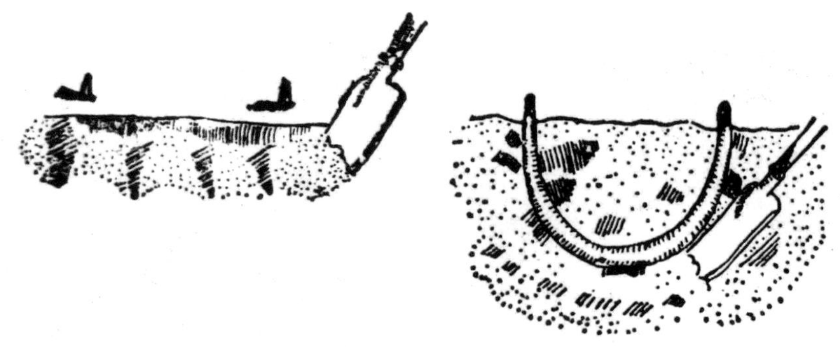

图3–6 断面法

B. 柱状法

采集栖居于单管（滩面上有1个开口）或洞穴的种类，如泥沙滩里的海仙人掌、滩栖阳遂足和沙滩里的日本中磷虫、沙蠋等多用此法。在目标周围8～10 cm处划一圆圈，在圆圈外围垂直向下挖掘，将虫管或洞穴留在中央泥沙柱内。挖到一定程度（不同动物的管或洞穴深度不同），仔细地剥挖泥沙柱或用水冲浇掉泥沙柱（泥沙遇水会自行散落），使管或洞穴全部显露出来，以获得完整的个体。（图3–7）

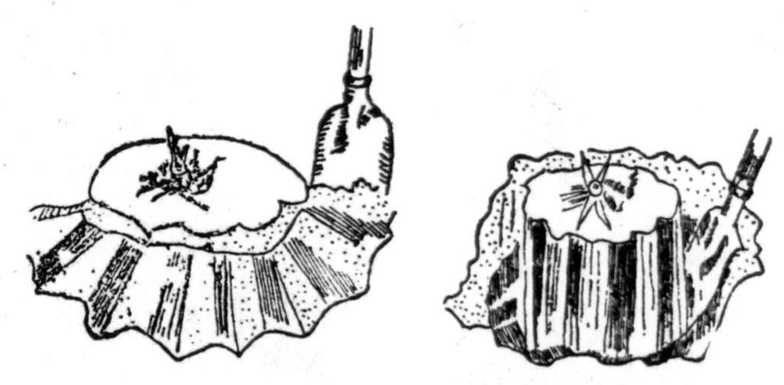

图3–7 柱状法

C. 手掏（抠）法

采集某些埋藏底内、目标明显、好挖的动物，如沙滩底内的红线黎明蟹、短蛸、扁玉螺、蛤仔、海棒槌等，可用此法。海棒槌埋藏较深（30～60 cm），具U形穴道，可用手自其头端（具漏斗状下陷）沿穴道向尾端（具圆沙丘）往下探伸抠挖。一般在穴底部，粗沙砾或小石块周围可摸到柔软的动物体（它不会伤人）。之后，可将它握住，掏拽出滩面。

D. 钓取法

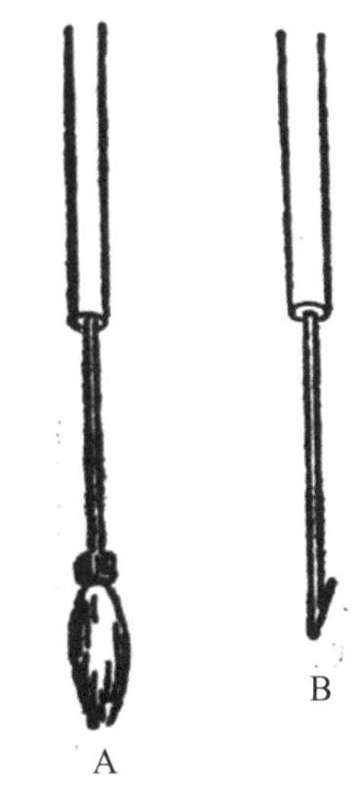

A. 大蝼蛄虾钩；B. 蛏钩。

图3−8 钓具

采集那些埋藏较深、费力难挖的种类，如沙滩底内的竹蛏、泥滩底内的大蝼蛄虾等，可采用钓取法。钓具是特制的（图3−8）。这里的“钓”并非用鱼钩垂钓。

钓取竹蛏的工具叫蛏钩。取一根长约30厘米的细竹或木棒，前面装一段长约20厘米的细钢丝（可用自行车辐条），钢丝前端磨尖并做一小倒钩刺，蛏钩便做好了。在滩面发现竹蛏那椭圆的洞穴后，铲去表层一层沙，将蛏钩探伸于洞穴中，刺及蛏体后向下一插，再向上一提，倒钩刺就钩住了蛏体。之后快速地将竹蛏提出洞穴即可。此法缺点是易将蛏体钩破，优点是比挖几十厘米深的沙要省力得多。

钓取大蝼蛄虾的工具是多根长约50 cm、前端用草或棉纱绑缚成毛笔头状的细竹或木筷。大蝼蛄虾的洞穴呈Y形，在滩面留有2个直径近3 cm的圆形洞口。大蝼蛄虾喜群居，故滩面洞口排列密集，状似蜂窝。将洞穴周围表层厚15~20 cm的一层泥沙平着铲去，从洞口插进一根筷子，静候片刻。当发现某个洞口的筷子上下活动时，速将筷子取出，换以绑有“毛笔头”的特制钓具，同时手持此钓具上下提伸。待觉察到手中所提重量增加时，轻且快地将钓具提出洞外，此时可见大蝼蛄虾用两只螯足紧紧夹在了“毛笔头”上。若用锹挖，须挖至约1 m深，不仅费时费力，还易将大蝼蛄虾铲碎。

E. 水浇法

对那些穴道不规则、体软而又易断的种类，尤其是柱头虫，挖铲得不到完整的个体，可采用水浇法，即用海水浇洗虫体周围的泥沙，得到完整个体。（图3−9）

图3−9 水浇法

F. 鼓动加压法

在低潮区大叶藻丛里栖息的短脊鼓虾的穴道在底内呈网状，在滩面留有3个以上的开口。采集者可用脚不断地踩踏其较大的主洞口，不断鼓动加压，“请”它出洞。

G. 加盐法

这是采集竹蛏省力而又有效的方法，且所得竹蛏完整率较高。铲去表层沙，发现竹蛏洞穴后，向穴内加少许细食盐。竹蛏会因不适应穴道内盐度升高而自行上蹿，露出滩面。采集者此时可以捏住竹蛏并拉拽出来。

H. 筛选法

挖取埋藏有无脊椎动物的泥沙沉积物，置于一定孔径的筛子（图3-10）里，在水中筛洗或用水冲洗。泥沙漏掉，动物则留于筛内。此法是《海洋调查规范　第6部分：海洋生物调查规范》（GB 12763.6—2007）中采泥取样的一个主要程序，可以采到较多且不易采到的多毛类。

图3-10　筛子

（2）潮下带无脊椎动物采集

① 拖网采集

拖网采集是指在水层区拖采浮游生物，以及用底栖生物网具拖采某些生活在底上或底内的动物。拖网采集须按《海洋调查规范》的要求去实施。

A. 浮游生物的采集

根据目标生物的大小，选取不同规格的筛绢制成浮游生物网。常用的筛绢型号有JF62号、JQ20号、JP7号、JP20号、JP32号、JP80号等。一年四季皆可进行拖采。浮游生物分布极广，但应注意不同种类浮游生物的昼夜垂直运动习性和分布规律，以便有目的地采集。（图3-11和图3-12）

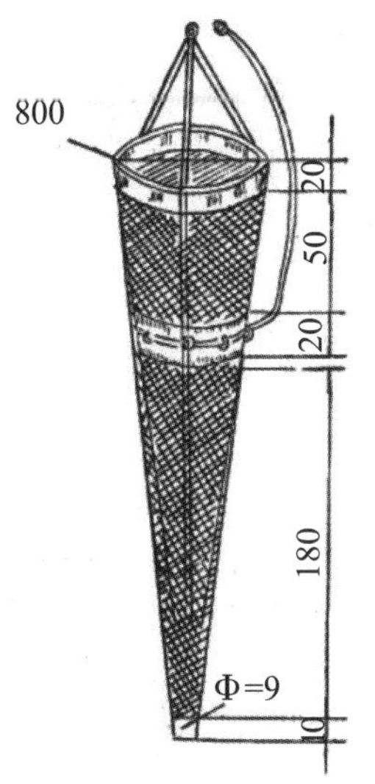

图3-11　大型浮游生物网

（单位：mm　比例1∶25）

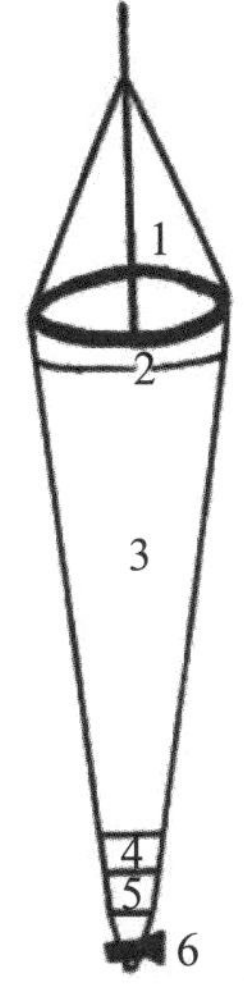

1. 金属圈；2，4. 麻布；3. 筛绢；
5. 金属罐；6. 活栓。

图3-12　小型浮游生物网

B. 底栖动物的采集

在松软的浅泥滩用桁拖网（图3-13）可拖采到数量较多的底栖动物，如酸浆贯壳贝、密鳞牡蛎、脉红螺、强壮紧握蟹、细雕刻肋海胆、多棘海盘车、日本蟳等，还可拖采到少量经氏壳蛞蝓、菲律宾蛤仔、栉孔扇贝、栉江珧、大寄居蟹、长蛸、日本关公蟹、蛇尾类、海地瓜等，偶尔可采到柳珊瑚、苔藓虫。

硬底质水较深的海区采集底栖动物多用阿氏网（图3-14）。

有齿底拖网（图3-15）适用于采集那些钻入或埋藏于沙底内的动物，如文昌鱼。

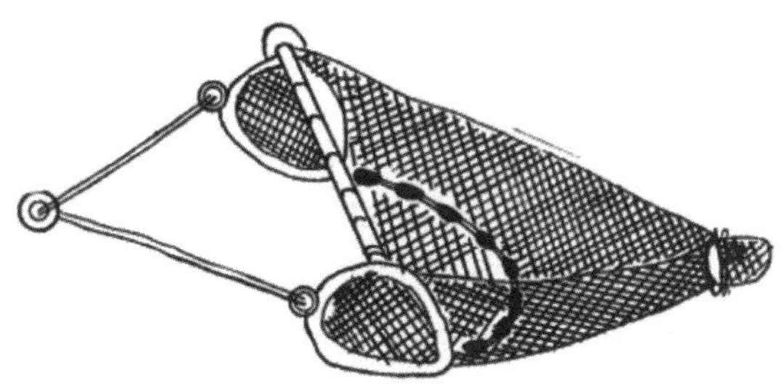

图3-13　桁拖网

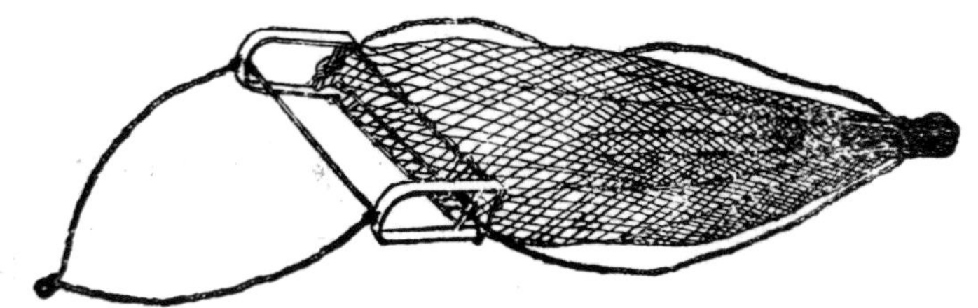

图3-14　阿氏网

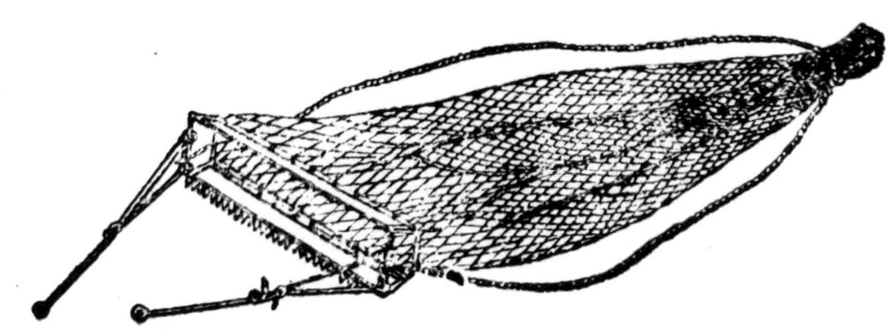

图3-15　有齿底拖网

② 拉大网

网长数百杆（每杆长1.5 m），网目小而密，两端系有缆绳，底部有一排铅坠，网后有袖状长袋，网绠上有百余个小型塑料浮子。多在开始退潮时，将网用船装载出海，在距岸3～5 n mile处下网。用船将网两端的绳头带回岸边，每端10～12人，在岸边像拉纤一样将缆绳逐渐收回岸边盘拢。收获物多在网袋中。这样获得的全是鲜活的动物。春、秋两季（4—6月或9—11月）可以网得大量的玉筋鱼，以及少量的青鳞鱼、鲚、蓝点马鲛、海马、海龙、鲆、鲽、梭子蟹、短蛸、虾蛄、砂海星、多棘海盘车等。

③ 定置网具

定置网具种类较多，有挡网（插网）、挂子网、圈网（迷魂阵）、螺壳网（波螺网）、三角网多种。

A. 挡网

挡网被渔民称为闯网、拔拖子网（图3-16）。这种网多设在靠近低潮线的滩面。潮退后，将多根竹竿围成三角形或半圆形，埋入底内约0.5 m深，用石头或重物将竹竿底部固定住，然后用网衣片沿竹竿围起，两端围成螺旋形或圆形，栅栏口装上可以取下的“门”，“门”亦用网片封堵好。涨潮后，鱼、虾、蟹、水母等进入网中。潮退时，网逐渐露出水面。进入网中的动物，有一部分就被挡在网底或螺旋形网围中，有的在挣逃时被卡留在网目上。这时可将“门”拿掉，进入网内拾取网获物。此法可获得青鳞鱼、鲆、鲽、鳎等鱼类，以及小型虾、蟹或水母等。

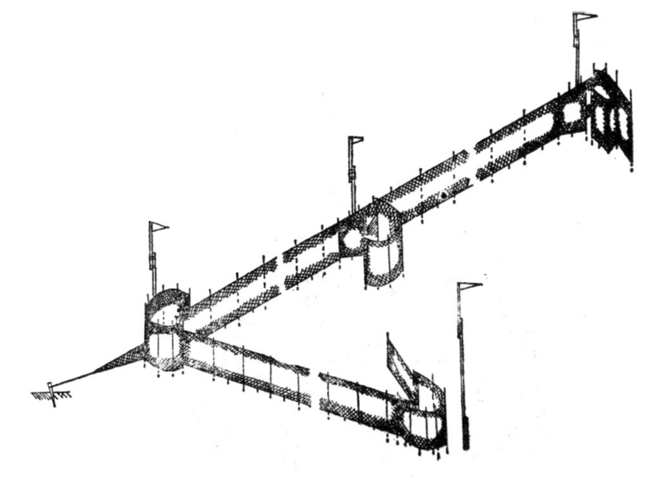

图3-16　挡网

B. 挂子网

春、秋两季，渔民多在水深10 m左右的浅水中放置挂子网（图3-17）。将网用绳索固定于海底，在海面上用浮漂或小竹竿系以有色布条，状似小旗，作为标记。渔民在退潮时，乘船到放网处，将网收起，称为寻网。随着网被提收，鱼、虾等都被集中于网底部袖袋里。打开网末端的活扣，将网获物倒入船舱或筐篓里，再将网末端的活扣结好，将网投放回海中。次日再来"寻网"收获网获物。用这种网可以获得沙蚕、乌贼、枪乌贼、耳乌贼、虾蛄、对虾、鹰爪虾、中国毛虾、日本鼓虾、鞭腕虾、长臂虾、褐虾、梭子蟹、沙蟹、海马、海龙、鱵、颌针鱼、鲆、鲽、鳎、鲀、鳀、鮟鱇等。

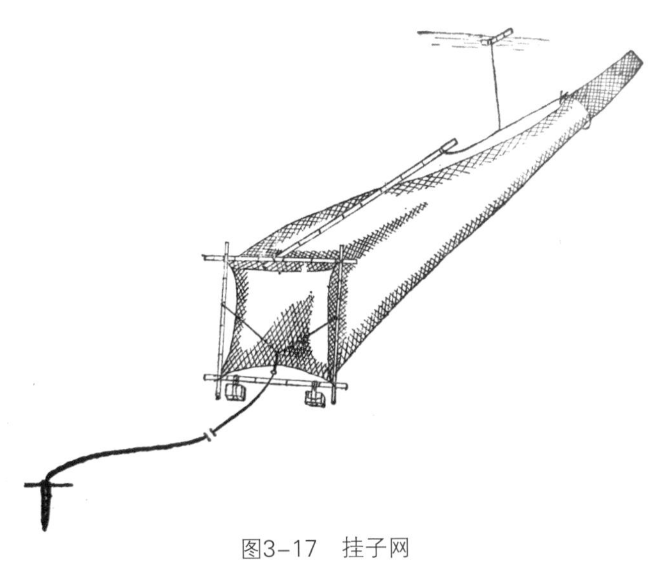

图3-17　挂子网

C. 圈网(迷魂阵)

圈网多定置于较浅水域。网呈多角形,每只角都有一个长网袋(图3–18)。鱼类或其他动物进入网内,在走投无路的情况下,被迫钻入网底部的长网袋里。渔民每天乘船将网提起,从网底部倒取网获物,称为“投网”。然后将网袋投放回海中,次日再去“投网”。在胶州湾红石崖、红岛等地常有放置此网者。

此网可网获青鳞鱼、鲦、鲈等多种鱼类及乌贼等。

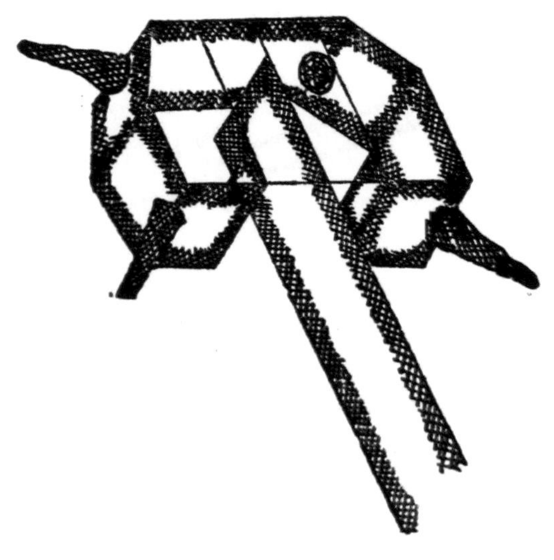

图3–18　圈网

D. 螺壳网(波螺网)

螺壳网是一种诱捕短蛸的专用网具(图3–19)。将空脉红螺壳背面钻一圆洞,用长绳串起来,每隔80 cm串一只并扣一个结,每绳可串数百只乃至上千只,即制成螺壳网。每年4～6月,人们利用短蛸有钻壳和到浅海滩产卵的习性,使用螺壳网采捕短蛸。人们到近岸浅滩,在螺壳网的两端拴以重物使网沉入海底。绳两端各引出一根绳拴上“站鹰”或浮漂作为标记。人们每天乘船据标记沿着绳头一边提收,一边将空螺壳放回水中。当发现哪只壳内钻有短蛸时,立刻用专制的铁钩趁其不备,迅猛地把它挖出来。一般每壳一只,也有一壳两只(一雌一雄)甚至在壳外还附着一只的情况。有时也会有长蛸钻入壳内。山东沿海渔民多用此法采捕短蛸。在秋季人们乘船在浅海用特制的钩钓取短蛸。有趣的是,钓饵用的是大蒜瓣。这并非因为短蛸喜食大蒜,而是利用动物的趋性。

图3-19　螺壳网

E. 三角墨鱼网

三角墨鱼网是专捕乌贼的一种定置网具（图3-20）。用竹片做一弓形框，弧形竹片中心点和两端各绑1根竹竿，竹竿后端交叉处绑紧，做成网架。用网衣片将网架包裹起来，并用细线绳缚在弓形框和竹竿上。弓形框也用网衣片封裹，当中留一进口，用14号铁丝做一个直径10～12 cm的圆环，在圆环上做一筒袖状网袋。此网袋似捕鼠笼，动物只能进而不能出。像螺壳网一样，将网用长绳连成串，每隔2～3 m系一只。绳两端拴以坠石夹网沉到海底。撒放和提网的操作方法与螺壳网基本相同。每年5月初至6月中旬，山东半岛沿海渔民利用乌贼游至浅海钻网挂卵的习性，采捕活的乌贼。近些年来，许多地方的渔民已改用圆形网——用钢条做2个直径40 cm的圆圈，将长20 cm的4根钢棍分别焊在两个圆圈间作为支撑，然后用网片封裹。这种网由于体积较三角墨鱼网小和轻，在搬运、堆放、使用上都较方便。虽然秋、冬两季海洋渔业公司的渔轮从外海也能大量拖采到乌贼，但因作业时间长，乌贼死亡、冰冻时间过长，多不适宜用作解剖实验材料。

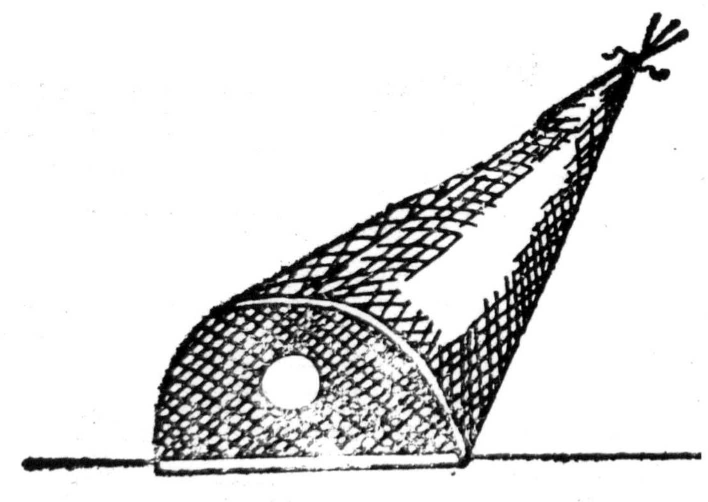

图3-20　三角墨鱼网

F. 手推网

每年5月开始（6—8月为盛期），每逢退潮，有些渔民在齐腰深的海水里，手持带有长柄的小网（网袋长、宽各1 m左右，网口长方形或半圆形，图3-21），在低潮线以下的沙、泥底浅海，像推车那样往返不停地捕捞。所获主要是集结到近岸活动和产卵的周氏新对虾，此外还有海马、海龙及小型鱼、蟹等。

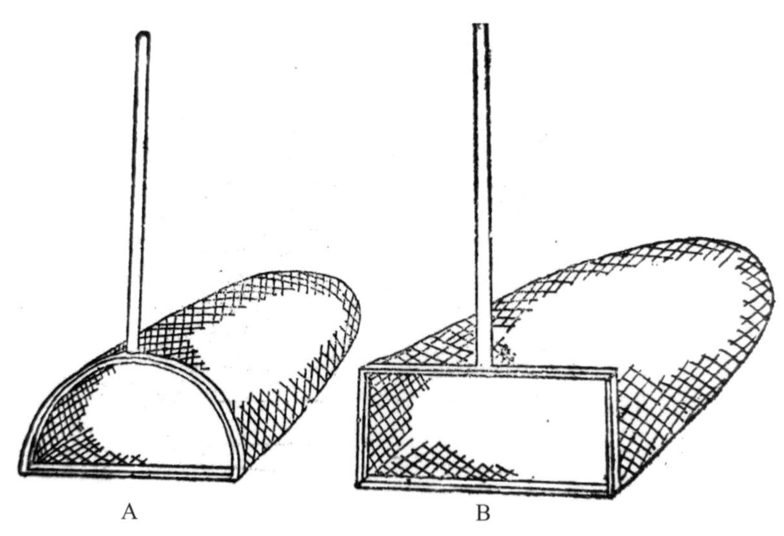

A. 半圆形网口手推网；B. 长方形网口手推网。

图3-21　手推网

G. 手捞网

长2 m左右的竹竿前端缚以用6 mm铁丝做成的直径30 cm左右的圆圈。用纱布、筛绢或塑料纱网做一个长25 cm的网兜，缝在铁圈上，制成手捞网。可用手捞网于6—9月乘船在青岛内港海面捞采多种水母。用这种网还可刮捞那些固着生活在码头护木上、趸船（活动码头）和船底的多种动物，如水螅虫、日本毛壶、海绵、苔藓虫、玻璃海鞘、柄海鞘等。

除上述采集法外，对低潮线以下的某些种类，如海参、鲍鱼、扇贝、酸浆贯壳贝等，可以SCUBA潜水方式采集，但需经过专业培训，取得潜水资质后方可进行。

至于采泥器，则是用于软底质的重要的定量采集工具。在海洋调查中使用的采泥器有抓斗式采泥器（图3-22）、弹簧采泥器、箱式采泥器等。

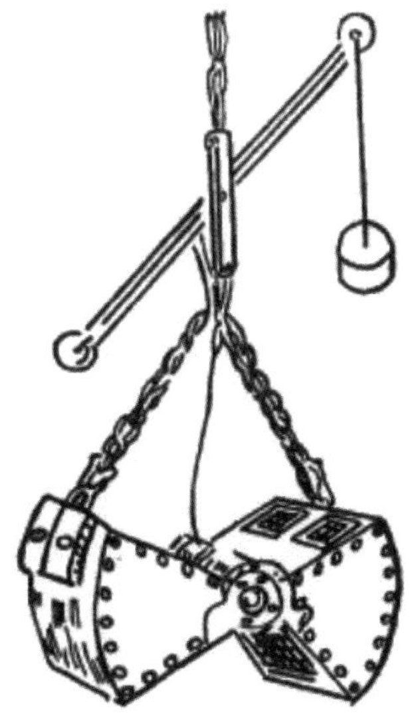

图3-22　抓斗式采泥器

三、标本制作

1. 注意事项

(1) 样品卫生

采集的动物需经过物理方法或化学药物麻醉处理，使其恢复自然形态，然后制作成标本，还需用防腐剂固定和保存。而用于麻醉处理标本的一切容器（如搪瓷盘、盆、烧杯、玻璃棒、玻片、滴管等），不能沾染带有刺激性的药物和其他污物。容器使用前要用肥皂和淡水洗刷，而后再用海水冲刷。用过的容器要随时彻底洗刷干净，以备再用。

(2) 海水新鲜

必须准备充足的、当天提取的新鲜海水，尤其是在夏季则应随取随用，并放置于阴凉处。如海水污染严重，则使用海水素配制。在夏季，海水过夜后不宜再用，这是因为海水里有许多微生物，气温变化和缺氧等都能造成久置海水中的微生物死亡而使海水水质恶化。所以，麻醉处理标本，一定要用新鲜海水。

(3) 及时补救

处理标本的场所要洁净、空气流通、光线充足、上下水方便。麻醉处理标本过程中，不要远离现场，应该随时观察，注意变化，发现意外及时采取补救措施。如遇容器不洁、海水变质、用药剂量过大、麻醉时间不足、标本突然收缩等情况，可采取更换容器和新鲜海水、减少或停止用药及延长麻醉时间等方法进行补救。

(4) 记录翔实

采获的材料制成标本后，应进行登记（可用卡片或标签，用绘图墨水或铅笔书写，这样放于保存液中，字不易褪掉），应注明采集日期、采集地点、标本名称（中文名、学名、地方俗名）、生态简况等有关资料。麻醉处理也应做记录（麻醉方法、使用的药物、用药量、麻醉时间等），以备日后查用。

(5) 个人安全

配制、使用药品时要注意使用的麻醉剂、固定剂、保存剂具有毒性或麻醉性，使用中要多加注意。配制时手、口、鼻切勿与药品直接接触（需戴乳胶手套，不可将化学药瓶靠口、鼻太近）。需要时，可嗅一下瓶盖，或用手在瓶口扇动一下去嗅一下挥发出的气味。有刺激性气味的麻醉剂（氯仿、乙醚）会使人昏迷，酸类能腐蚀衣物和皮肤。

2. 药品配制及使用

(1) 麻醉药物

① 薄荷脑

薄荷脑是一种白色透明、针状或棱柱状的晶体，可单独使用，亦可与酒精合用。将薄荷脑缝制在大小不同的纱布袋中，视容器的大小，放入适宜大小的纱布袋。

② 酒精-薄荷脑麻醉液

在70%的酒精（体积分数，下同）中加入薄荷脑，至溶液饱和或过饱和（薄荷脑不再溶解）。瓶盖必须密封，以免挥发。

③ 硫酸镁、氯化镁

硫酸镁、氯化镁为白色粉末状固体。可单独使用，亦可用海水配成饱和或过饱和溶液使用。

④ 氯化锰

将氯化锰溶于海水中，配成饱和或过饱和溶液使用。

⑤ 可卡因

用2 g可卡因粉末溶解于100 mL50%酒精中，配制成麻醉剂。

⑥ 水合氯醛

水合氯醛是一种镇静药物，有毒。配成5%～10%的水合氯醛溶液使用。

⑦ 淡水（自来水）

淡水对海洋动物来说也是一种麻醉剂。

⑧ 70%酒精

70%酒精可作为多种动物的麻醉剂使用。

（2）固定剂

① 甲醛溶液（福尔马林）

特殊用途的标本（材料），用纯度较高的分析纯、优级纯、化学纯福尔马林；一般的样品固定用工业用福尔马林即可。即将市销的福尔马林（其中甲醛浓度约为40%）当作100%浓度的固足液使用。例如，配制10%的福尔马林固定液（体积分数，下同），即在90 mL水中加10 mL的工业用福尔马林。如无蒸馏水，用普通水或海水配制也可以。其他浓度类推。通常以20%和50%福尔马林固定液固定样品用。

② 波恩氏液

波恩氏液配方如下：

苦味酸（三硝基苯酚）饱和液75 mL：将1 g苦味酸溶于75 mL水中即可。此溶液多用于切片材料的固定。材料根据大小固定8 h、12 h或24 h，之后用70%酒精洗几遍（可加适量碳酸锂褪掉黄色），最后用70%酒精保存。

福尔马林25 mL。

冰醋酸5 mL。

③ 醋酸酒精混合液

醋酸酒精混合液配方如下：

乙醇60 mL。

冰醋酸20 mL。

④ 醋酸酒精与福尔马林混合液

醋酸酒精与福尔马林混合液有2种配方。

其一配方如下：

冰醋酸5 mL。

50%酒精90 mL。

福尔马林5 mL。

其二配方如下：

冰醋酸2 mL。

95%酒精50 mL。

福尔马林10 mL。

蒸馏水40 mL。

⑤ 3%、5%、50%福尔马林固定液（用海水配）

3%福尔马林固定液配方如下：

福尔马林3 mL 。

海水97 mL。

此溶液可作为浮游生物的固定剂及保存剂用。

5%福尔马林固定液配方如下：

福尔马林5 mL。

海水95 mL。

此溶液多用于动物卵及卵裂各个时期材料的固定和保存。

50%福尔马林固定液配方如下：

福尔马林50 mL。

海水50 mL。

此溶液多注入较大动物（鱼、兽类）材料的内脏，加速固定，因为靠溶液自外向内渗透太慢，有时虽然外表正常，但其内脏已腐烂。

⑥ 福来明氏液

福来明氏液配方如下：

1%铬酸5 mL（体积分数）。

2%锇酸1 mL（体积分数）。

1%醋酸2 mL（体积分数，下同）。

10%醋酸2 mL。

冰醋酸1滴。

蒸馏水12 mL。

氯化钠0.15 g。

（3）特殊保存液

有些动物，如海绵、棘皮动物、节肢动物，具有胶质、钙质或几丁质的骨针、内骨骼或外骨骼，不宜用福尔马林作为保存液。福尔马林为还原剂，易被氧化为甲酸。用福尔马林固定时间久了，骨针等酸蚀后会粥化。

① 工业用酒精

配方如下：

工业用酒精30 mL。

海水70 mL。

工业用酒精中乙醇浓度为95%，在这里用作100%浓度的原液。

② 酒精-福尔马林混合液

配方如下：

70%酒精50 mL。

10%福尔马林50 mL。

③ 中性福尔马林

在不同浓度的福尔马林中，加少量碳酸钙、碳酸镁或硼砂，配制成中性福尔林。

④ 甘油

在各种保存液中加甘油（甘油体积为保存液体积的5%~20%），以利于长期保存。另外，甘油可增加透明度，对保色也有一定作用。

固定液用海水配制为好。没有海水情况下，可用自来水或蒸馏水代替。

3. 着色注射技术

（1）海月水母水管系统

选固定不久、直径15 cm左右的海月水母1只，用注射器由外而内向有分支的主辐管注入红色颜料10~15 mL（视胃囊被充满为止）。换注射器，将绿色颜料注入间辐管中；再换一只注射器，将黄色颜料注入无分支的从辐管里；最后将红色颜料注入边缘的环管里。

这样制出的标本，水管系统一目了然。

（2）绿侧花海葵

用注射器从已固定好的海葵的口道沟插入其胃囊（游离部分），缓缓注入红色颜料，使自隔膜向上至触手里见到红色为止。

（3）仿刺参辐管及水管系统

仿刺参口下有环管，环管下有5条辐射的辐管，环管侧面有一圆囊——波里氏囊。用注射器（去掉针头）将红色颜料自波里氏囊缓缓注入，这样会自下而上先至触手，经环管再到辐管。换新的注射器将绿色或蓝色颜料自其肛门注入肠及呼吸树中。

（4）乌贼动、静脉着色注射标本

① 标本制作方法

取活鲜的乌贼放在解剖盘里，用解剖剪自胴体部腹面中央稍偏左处，沿直线向下剪开至漏斗下面。用尖细镊子夹一根长20 cm的线，从墨囊口下穿过，将墨囊口扎紧，以免墨汁外流。用水冲洗净残留在胴体部的墨，然后开始进行注射。

用镊子取一根长20 cm的线，从其出鳃动脉管下穿过去并结一个活结。因其管细、壁薄，故插针（14号针头）时要仔细。针头插入血管后，左手拇指、中指、食指托起来同时将针头和血管捏住，右手徐徐地将颜料推入，压力不可过大，以免鼓破血管。注射过程中稍停但针管不要拔出，用手将其内脏翻动一下，以防血管被挤压而堵塞，并用手指将注入的颜料往另一只鳃的方向推送。之后再捏住针头继续注入颜料，至另一鳃的血管中有了颜色为止。将左手指松开，平放下血管，右手继续推动注射器，颜料即可进入鳃前部的血管中。若所用材料为活鲜乌贼，从一端注射，颜料可顺利地通向所有的动脉血管，直至其两条触腕、眼球或雌性的缠卵腺上呈红色。这时可将针管轻慢地抽出来（过快会将颜料带出），随手将线扣扎紧，以免颜料外溢（扎在针孔的前端）。若所用材料不是活鲜乌贼，而是购买来的比较新鲜的乌贼，剖开后须先将墨囊口扎紧，并将乌贼放在清水里浸泡0.5 h，然后再按以上方法进行注射。在注射中可能出现一些意外情况，我们可采取相应的措施。例如，颜料流不进另一只鳃的血管，或因压力大，血管鼓破，大量颜料注进了围心腔而未注入另一只鳃，这时可将针管拔出，将线扣扎紧，从另一根出鳃动脉管处补注。当松开左手、平放血管后再注射时，若发现前面血管不通，可将针管抽出来，将线扣扎紧，然后将乌贼换方向放置，把针管插入血管再补注即可。一般一只乌贼可注入颜料3~8 mL。

动脉注射完后，用水将溢出的颜料冲洗干净。将其鳃向内掀起，用注射器从其入鳃动脉（鳃底下较粗的乳白色管）注入蓝色颜料，至另一根鳃下静脉管及主静脉（及缠卵腺）血管里充满颜料为止。一般注入5~10 mL即可。

注射完成后，必须将溢出或沾在其背部的颜料清洗干净，否则用药固定后就很难洗掉了。为避免固定保存时损坏其内脏，须将其胴体部腹面用针线缝合，然后放在10%福尔马林固定液中保存。

② 乌贼的循环系统

乌贼有1个心室、2个心耳和1对鳃心。鳃心将静脉血驱入鳃内进行气体交换，动脉血由出鳃血管经心耳回归心室，再由心室至前方的主大动脉和后大动脉。另外，生殖腺动脉血和肾脏前动脉血也由心室直接排出。

静脉血管大，一般也有收缩能力。主大静脉位于体前端腹面，接收由腕及头部回来之血液。主大静脉至肾孔前分为2支肾静脉入肾。肾静脉接收外套前、后静脉和墨囊、生殖腺的静脉血。肾静脉上有海绵状的腺质附属物，有腔与肾静脉的腔相通。入肾的静脉都经鳃心入鳃。

其动脉血隔离完善。所有的静脉血都入鳃进行气体交换后再至动脉。动脉血含有血蓝素，故呈淡蓝色。静脉血无色。血液内则含有变形细胞。

鳃循环：身体每侧有3支大静脉，即肾静脉和外套前、后静脉。这3支大静脉都集中进入鳃心的开口处，此口有一半月形活瓣保护着。鳃心壁为海绵质体，所以血液容易流入。在鳃心有规律地收缩时，静脉血即流入入鳃血管。入鳃血管在鳃的中央，即鳃收缩肌中轴部分的腹面，是支持鳃的主要部分。在鳃心和入鳃血管之间有6个肉质小瓣，防止血液逆流。鳃呈羽状，入鳃血管分支至每个鳃叶内。血流入这些分支再进入有皱褶的呼吸丝内的微血管中。这些微血管与出鳃血管的微血管相交相通，气体即在此处交换。出鳃微血管再进入其分支，这些分支沿着每个鳃叶的腹缘汇集成为出鳃血管。出鳃血管位于鳃的腹面正中线上，恰在鳃肌的边缘部分的背面。出鳃血管膨大形成心耳。

（5）颜料的配制法

① 红色

朱砂加冻粉煮至无颗粒。

② 黄色

将25 g冻粉加水煮溶后，加15 mL黄色绘画颜料，再加150 mL水搅匀即可。配其他色如上类推。

用氯仿溶解各色绘画颜料，能穿透微细血管，注射虾、蟹效果极佳。

4. 标本的处理和保存

（1）一般标本的处理方法

① 清洁标本

应将采来的标本上的泥沙杂质冲洗掉。对于身体上有黏液的动物，还要冲洗净黏液。需要麻醉的标本要用海水冲洗，不需要麻醉的标本也可用淡水冲洗。

② 麻醉标本的处理

麻醉容器须用海水洗涮干净，然后注入新鲜的海水来暂养需要麻醉的动物，并置于不受震动和阴暗的地方。当动物恢复到自然状态时即可开始麻醉。麻醉剂要适量。麻醉剂过多，动物身体和触手会回缩，这时应中止增加麻醉剂或更换新鲜海水，当动物恢复到生活状态时再进行麻醉。

③ 浸制标本

对于具石灰质结构的动物，最好用70%酒精固定保存，不用福尔马林，因福尔马林易被氧化，生成游离酸，时间久了能侵蚀石灰质结构。福尔马林有其优点：一是价格便宜，用量少，比较经济；二是在野外采集时携带方便，危险性小；三是能在短时期内保存动物的颜色，用福尔马林保存的标本比用酒精保存的褪色慢。如用福尔马林保存，可加少许硼砂或碳酸钠，中和其酸性，减少对标本的侵蚀程度。

一般瓶子或玻璃管所容纳的标本以不超过其容量的2/3为宜。但野外采集时，在带的瓶、管少的情况下，常常将瓶子装满，这样会使保存液的浓度稀释，标本容易腐烂。采来的标本洗净后，可先放在较多的固定液中浸24 h或更长的时间，然后再放入瓶中。固定液浓度一般要比保存液高些，但对身体柔软、收缩性大的种类，固定液浓度不宜过高。

更换新的保存液：采集回来后，必须检查整理标本，更换新的保存液，重写破损或字迹不清的标签。

盐水浸制标本：采集时如酒精和福尔马林用完，或临时遇到需要的标本而无酒精和福尔马林时，可暂时用较浓的盐水浸制，回来后用淡水浸泡一会儿，再用70%酒精保存。此外，也可用60度的白酒暂时保存标本。

④ 标本登记编号

对所采集的生物的产地、栖息环境、生活习性、形态和用途等情况，都应该做详细的记录。一个标本如果缺少产地等情况的记录，便失去了研究的价值。标本登记编号是一项非常重要的工作。

标本经过麻醉、固定的手续，便可进行登记编号。按照野外采集登记簿的顺序将标本进行编号，记录产地、学名、地方名、采集数量、形态、环境；无栏填写的内容，可记录在附注栏内。总之，填写得越详细越好，这样有助于将来的研究。

在标本登记编号的同时，还应当将上述登记簿上的信息写在纸标签或竹标签上，然后将标签投入登记过的相应的标本瓶或标本管内，这样，将来研究某一标本时，就可以根据标签上的序号，从登记簿里查找相关信息。比较柔软的标本可以用纸标签；比较坚硬或带棘刺的标本和用纱布包着放在大桶内的标本，则宜用竹标签。竹标签面积小，写的字少，可在一面登记序号，另一面写产地。待回来整理标本时，将竹标签换成纸标签，再详细写明情况。还应当注意的是，不论是纸标签还是竹标签，都必须用绘图墨水或较硬的铅笔书写，不能用一般墨水，以免遇水或遇潮湿时字迹褪色。

（2）标本的保存和管理

标本整理好以后，需要合理存放和定期管理。存放管理的要旨是有条不紊，为研究人员提供方便，使其能迅速地找出需要的标本。浸制标本和干制标本应分开存放。

① 浸制标本

浸制标本大多数是用酒精或福尔马林保存的。酒精很容易挥发，而酒精挥发后标本就会霉烂。所以，如何防止酒精挥发而保存好标本，是一个重要的问题。

浸制标本用的标本瓶瓶口要抹上凡士林油；对玻璃管装标本，要用蜂蜡封好管口，以防酒精挥发。标本存放的地方，光线以较暗为宜。最好将标本放在标本柜内而不用木架。

标本瓶瓶口不宜过大，否则封口不严，酒精易挥发。应该注意的是，各类瓶规格即使一样，盖也不能互换，否则会带来很多麻烦。如不是原配的盖，就不能严密地盖住瓶口，需要经常检查酒精挥发情况并添加酒精，造成人力和物力的浪费。只要瓶盖能严密地封住瓶口，再抹上凡士林油且瓶本身完好，10~20年无须再添加酒精。玻璃管（盖为木塞）装标本可短时期保存，不能永久性保存。蜡封完好的玻璃管装标本可维持约10年的时间而无须添加酒精，但多数蜡封不可能完好，且木塞本身也要老化。因此，还是不用玻璃管保存标本为宜。

② 干制标本

干标本放在干燥的地方。干标本柜与浸制标本柜不同，干标本柜最好是多抽屉的。各号或各种标本，要盛在大小不同、带有玻璃盖的纸盒内。将登记号或野外采集号写在玻璃盖上，以防弄混。

③ 标本的存放

经过初步整理但尚未鉴定的标本，可按地区或出海航次存放。标本多时，要进行粗略分类，以便查找。标本如已经过鉴定，即可按分类系统排列。

浸制标本入柜存放后应按期检查，最好2~3年全部检查一遍。如发现瓶、管自行破裂或保存液减少，应及时更换瓶子或增添保存液，以免标本坏掉。发现发霉或干的标本要及时处理。

④ 标本登记

标本除有野外采集号外，还需登记台账，再分别制作登记种的卡片。这样，既统计了标本总数，便于了解各种有多少标本，又便于查找各种的分布地点，使研究者一目了然。

登记台账的标本，最好是完成物种鉴定的标本。如标本能鉴定到属，且分清了种，也可进行登记。例如同一属内有2个以上物种的标本，标本必须按种排序登记，分别记为"sp.1""sp.2"等，以便制作种的卡片。这样，种名鉴定出来之后，再补充即可。

⑤ 查找标本

管理标本需要一套体系化的方法。

首先，将全部标本柜按放置的顺序从1开始编号。在柜内存放标本时，要据分类系统，按门、纲、目、科、属和种的顺序自左而右依次存放。统计标本柜每一层的标本，贴在柜门上。每张卡片复制一份，同电子版一起，由管理人员保存。

标本柜内的标本，一般以科为单位存放。如已鉴定到种，标本可按种分开排列。标本量多的种可按海区排列。另外，也可按标本登记号的顺序排列。这样，想找某号标本，便能很快地找出来。总之，标本的存放应有条理，便于寻找。

⑥ 新种模式标本

对新种的正模和副模标本，应单独设立标本柜保存。对这种标本，要用红标签书写学名，以示与其他标本的区别。对模式标本应特别注意保管，不应损坏或遗失。

四、不同动物标本的采制方法

标本应满足三大条件：完整、自然生态、保持质量。采集到的各种动物，要采用化学、物理等方法进行处理，通过一定程序和步骤，制作成标本，用于教学和研究。所采集的动物可根据不同用途制作成如下几类标本：用于陈列、外形直观的浸制标本，用于解剖、观察其内部构造的实验材料，用于陈列的干制标本，水管、循环系统解剖着色注射标本，骨骼标本，神经系统标本，消化系统标本，生殖、排泄系统标本，剥制标本，覆膜（腊叶）植物标本，显微技术（切片、整体封片）标本，聚合标本，骨骼透明标本，等等。下面按门类对黄渤海滩涂常见的无脊椎动物标本的采制方法进行综合介绍。

1. 多孔动物

(1) 戴冠碗海绵、日本毛壶

潮退后，翻起低潮线附近的水洼中较大的石块，用手撩水将石块上的泥沙等杂物冲洗掉，仔细寻找。发现动物后，用尖细的镊子夹住其固着的基部（切勿夹其体部，以免损及骨针）轻轻地取下，放入盛有70%酒精的容积为50 mL的广口瓶中，将其杀死并固定。

带回室内后，用手指按住瓶盖，将瓶上下晃动几下。倒掉原有酒精，加入新的70%酒精。这样反复几次，其体上附着的杂物基本上被冲洗干净，露出淡黄色的体色。将已冲洗干净的海绵倒入培养皿中，用镊子仔细地一个个拣取，将其放入另一装有70%酒精的瓶中保存。

(2) 面包软海绵

面包软海绵须用小铲铲下，托在手掌里。切勿用手挤攥，以免损伤其骨针。将其没入海水中，摆晃几下，冲洗掉附着的污物，轻轻地甩净水，放置在盛有70%酒精的容积为500 mL或1 000 mL广口瓶中。12 h后，将其放入新的装有70%酒精的瓶中保存。浸泡几天后其体色会变成灰黄色。

(3) 穿贝海绵

穿贝海绵群居于蛎壳之上，为薄薄的一层。其钻于壳层内，不易被单独采下，只能连同蛎壳一起铲下，放入盛有70%酒精的瓶中固定并保存。

2. 刺胞动物

(1) 水螅

在显微镜下选取带有触手囊鞘以及有水母体的一枝，用显微技术制成整体封片标本（经过番红染色的水母体为淡紫红色，甚为美观）。

采集水螅类需乘小船到码头、趸船两侧，用长柄手捞网或用小铲自其基部刮铲。采得的材料须放于盛有海水的瓶或桶里暂养，带回室内再进行处理。

将采回的不同种的水螅，分别放在盛有新鲜海水的培养皿里。将固体薄荷脑撒于水表面，然后加盖（使药力下渗）静置，麻醉3～4 h。之后轻轻地（切勿震动）将培养皿放在解剖镜下观察，视其触手是否伸展出来。若触手已伸出，用镊子触拨几下，视它有无收缩现象。若触手不收缩则可向皿中注入福尔马林（注入体积为皿中海水体积的1/10）固定、保存。若触手仍缩动，则延长麻醉时间。

(2) 水母

采捞前，须先在塑料桶（体积25 L）里配好15%福尔马林固定液（因在向桶内投放标本时会带进水分，故固定液浓度稍高）。

出海采捞时，还需携带配好的福尔马林固定液。遇到瓜水母或球栉水母，将其捞起后直接投放到装有福尔马林固定液的瓶中保存，这样可以获得完整的标本。捞到后若不及时处理，它会自行解体，带回室内的多已残缺不全。

可乘小船或在活动码头上，用长柄手捞网捞取。水母随时可能排出无色黏稠的体液，将网目糊住。网漏不出水去，重得抬举不起来，给采集造成麻烦。所以，网上的黏液必须经常清洗干净。

不可用手去抓采到的水母，而要将网内的水母直接反扣到桶里固定12~24 h。之后将水母逐个移入装有新配制的10%福尔马林固定液的桶里保存。

刚刚采来固定时间不久的标本，还可往其水管系统注射染料（参见方法篇“三、标本制作”中的“3. 着色注射技术”部分），使其一目了然。

当然带着药品不一定准会遇到球栉水母，但是万一遇到了，却没带药品就措手不及，造成遗憾。

（3）沙蠋

发现沙蠋后可用“柱状法”挖掘（参见方法篇“二、标本采集”部分），或者采用以下方法：将目标周围沙挖去十几厘米，发现虫体赶紧用手指捏住缓缓地、不可停顿地将它拽出滩面。不可用力过猛，以免拽断。偶尔在底拖网里也可见到它的身影。

将采得的沙蠋放在搪瓷盘里，加入新鲜海水静养数小时，撒固体薄荷脑于水表面。半小时后，在盘上加盖，麻醉3~4 h。之后去盖检视其营养体是否已伸展。若营养体未伸展则延长麻醉时间。若营养体已伸展，则用镊子轻轻地碰触，看其营养体有无收缩现象。若营养体无收缩现象，就向盘内滴加福尔马林（滴加量为盘内水量的1/10）固定。12 h后将沙蠋放入盛有新配的10%福尔马林固定液的标本瓶中保存。

（4）海葵

海葵较难采，其基部多埋于礁石（多为风化岩）内，营固着生活。这类海葵必须用铁锤、钢凿凿取。在其体柱周围3~5 cm（有点像圆柱法）敲凿，四面凿十数厘米，当中底部凿13~15 cm。凿出后连同底部石块一起放入水中，洗净附着的泥沙。将其翻过来检视底部是否破裂，留存完整无损者（成功率60%~80%）。潮退后，在低潮区浅水坑里翻动石块（一般较平滑），常可发现海葵。其基部固着而未包埋于石头内。我们要耐心地用手将其与石块脱离（手掌向下，用拇指刮推）。其基部较薄，用力会抠破。留存基部完好者。对于固着于礁隙间的海葵，钢凿插不进，需要将其顶部岩石凿去一层。凿出的海葵连同底部的碎石块一起放入装有海水的采集桶中带回。等海葵固定后再揭剥底部碎石块才不会损坏海葵基部。有的海葵固着于被沙埋没的礁石上。这样的海葵为了伸出沙面觅食，体柱较长。采集时，要将海葵周围的沙挖掉，然后凿取。

采得的海葵带回室内。若海葵量少，可放入500~800 mL的烧杯中；若量多，可放入水盆，每盆不超过10只。若海葵较高，则放入大口瓶，每瓶放1只。往容器内加新鲜海水，置于空气流通、有阳光或灯光处静养数小时。选伸展自然（即体柱伸长、触手全都伸展开）的个体进行麻醉处理。用镊子轻轻将容器内没伸展好的取出（不能碰到其他个体），放入另一容器中待其完全伸展。处理方法有以下2种。

① 用酒精-薄荷脑麻醉液和硫酸镁海水饱和溶液

酒精-薄荷脑麻醉液的配制参见方法篇“三、标本制作”中的“ 2. 药品配制及使用”部分。用吸管吸取酒精-薄荷脑麻醉液滴加到容器内。不久，酒精挥发，薄荷脑像一层白色的膜覆于水面。10 min后，在容器上加盖，增加麻醉效果。0.5 h后，用另一支吸管吸硫酸镁海水饱和溶液，沿容器壁徐徐滴入，加盖继续麻醉。每隔1 h补加一次硫酸镁海水饱和溶液，共补加3次。第1次补加半管，第2、3次各加2管。停1 h后将去盖，用镊子碰触其触手。若触手收缩，延长麻醉时间。若触手无明显的收缩现象，用小纱网将浮在水面上的薄荷脑捞出，放入空瓶中，加入70%酒精，下次可再用。取5 mL注射器一支，吸取50%福尔马林固定液，从海葵口插入体内（勿穿透其体）将福尔马林固定液注入。注入完毕，稍停一会儿再将注射器轻轻拔出。使用注射器向容器内注入福尔马林固定液，注入体积为容器内海水体积的1/10。12 h后将海葵移入盛有10%福尔马林固定液的容器中保存。

② 用氯化锰海水饱和溶液

用吸管沿容器壁滴入氯化锰海水饱和溶液。一般需加五六次，每次间隔40 min。第1次量少，其后每次递加。之后向海葵体内注入50%福尔马林固定液，再向容器内注入福尔马林固定液，方法同①中所述。此法简便且效果好。(图3-23)

海葵触手感觉很灵敏。在处理过程中加过一两次药液后，可能会出现个别海葵收缩的情况，这可能是敲凿时震动刺激过大，或者其体柱有破损引起的。我们可将收缩的海葵用镊子轻轻取出（切勿碰到其他海葵），用新鲜海水冲洗一下，仔细检视其有无破损。破损轻微的海葵可单独放一容器中养2~3 d，期间更换几次新鲜海水，待它恢复后再进行处理。若没发现损伤，可将其放入另一容器中，待其自然伸展后再处理。

图3-23　采用氯化锰海水饱和溶液的海葵样本处理方法

(5) 角海葵(管海葵)

角海葵用锹依“柱状法”(参见方法篇“二、标本采集”部分)挖采。角海葵分泌黏液。气温、水温略高时，黏液包被的外表层容易腐烂，采得后要将其体表附着的黏液冲洗干净。容器中的水(尤其在夏季)应多换几次，带回前必须再换一次海水。

(6) 海仙人掌

海仙人掌垂直埋栖于沙、泥沙底内穴洞中。可用锹依“柱状法”(参见方法篇“二、标本采集”部分)挖掘，也可用手指捏紧缓缓地将它拽出滩面。

可采用加薄荷脑的方法处理海仙人掌，但此法用时太久，效果也不甚理想。而采用物理方法较简捷。将采回的海仙人掌先放在盛有新鲜海水的盆里静养数小时。待其水螅体全部伸展开以后，准备4个水盆，一个盛80℃热水，另三个盛冷水。用手捏住已伸展开的海仙人掌的体柄，先将其浸入热水盆里，快速地摆动约30 s，再依次浸入三个冷水盆里摆动几下，之后放在盛着10%福尔马林固定液的容器中。处理几只海仙人掌后，要及时向热水盆里添加热水，维持盆里水温60℃左右。固定12 h后，将海仙人掌移入新的10%福尔马林固定液中保存。

(7) 柳珊瑚

柳珊瑚可用小铲从基部铲下。对于固着在碎石块或贝壳上的柳珊瑚，则可将石块或贝壳一起带回来。柳珊瑚在底拖网里也偶尔可见。

将采回的柳珊瑚放在盛有新鲜海水的水盆里静养几小时，然后撒入固体薄荷脑并加盖麻醉4~6 h。其触手伸展后，加入福尔马林固定液，加入体积为盆中海水体积的1/10。12 h后，移入新的10%福尔马林固定液中保存。

3. 扁形动物

因涡虫体较薄且易碎，故发现后用镊子轻轻地夹住，单独放一瓶中，勿与其他动物混放。涡虫能分泌黏液，故须经常换海水，洗净黏液，带回实验室前再换一次海水，防止其腐烂。

采回的涡虫放在盛有海水的解剖盘里，洗净黏液，用加固体薄荷脑法麻醉2~3 h，至其无明显收缩现象。为避免涡虫受刺激而卷曲和收缩，将其摊平，夹在两片载玻片中间。载玻片两端用线缠绕几圈，放在10%福尔马林液固定中。12 h后，将涡虫取下，放在装有10%福尔马林固定液的容器中保存。

4. 纽形动物

采集纽形动物时，用镊子夹取即可。洗掉其身上附着的泥沙，放入装有海水的瓶中暂养。每瓶放3~5条为宜。若放置过多，纽形动物会互相缠绕、自行切断。瓶内海水须换几次。

纽形动物的处理方法有3种：A. 将采回的纽形动物放在解剖盘或较大的培养皿

里，加入新鲜海水静养片刻，用撒入固体薄荷脑法麻醉2~4 h。其不再蠕动时，用70%酒精固定12 h。之后将其移入新配的70%酒精中保存。B. 用滴加酒精法麻醉。每隔20 min加1次70%酒精并加盖，每次加入量为容器总体积1/10，至其不再收缩为止。12 h后，将其移入70%酒精中保存。C. 用滴加水合氯醛法，程序与滴加酒精法相同。

用于切片的材料，固定液须改用波恩氏液。固定后，用70%酒精洗掉黄色，于新配的70%酒精中保存。

5. 毛颚动物

乘船或到挡浪坝、栈桥边用浮游生物网拖采，将采到的所有生物用5%福尔马林固定液固定12 h。在显微镜下挑选出毛颚动物，单独放一盛有5%福尔马林固定液的瓶中保存。

6. 环节动物

多毛类环节动物习见于潮间带。翻开石块，移动海藻或挖掘软泥沙都可采集到大量的多毛类动物。但是要得到满意的标本并保证鉴定的顺利进行，建议采集时最好连同栖息环境的石块、海藻、泥沙等一起放在塑料瓶或塑料袋中封严，带回实验室处理。

取回的样品应静置于有海水的器皿中，在暗处或阴凉处放置一定时间。随水中氧气的消耗，多毛动物沿器皿壁爬动。此时用小筛网捞取或用吸管吸取。注意，应事先取出样品中其他肉食性动物如蛇尾、蟹等，以免其伤害多毛类动物。

将多毛类动物放在氯化镁海水饱和溶液或淡水中，麻醉半小时左右。用硼砂中和后的10%海水福尔马林固定液固定24 h或更长时间，必要时中间更换一至数次固定液。固定时应把沙蚕等具吻类群的吻挤压出来（用镊子在头部轻轻一压，吻即伸出）便于以后鉴定。将固定好的标本移入70%酒精中保存。

营浮游生活的环节动物按浮游动物标本采制法处理。

（1）大囊须虫

大囊须虫可连同沙砾一起带回室内处理。用滴加淡水或70%酒精的方法麻醉约12 h。待大囊须虫伸直后，用波恩氏液固定12 h。用70%酒精洗去黄色，再用新配的70%酒精保存。

（2）覆瓦哈鳞虫

覆瓦哈鳞虫可用镊子夹取，用滴加酒精法麻醉，用70%酒精固定、保存。

（3）岩虫

岩虫须用铁镐在风化岩及岩间隙间刨取。采集的岩虫用海水暂养，用加淡水法麻醉：每隔2 h加淡水一次，每次加入量可递增1/2，一般需8~10 h。待其不再蠕动后，向盘内加福尔马林固定（福尔马林加入体积约为盘内水体积的1/10）。12 h后，将其移入

10%福尔马林固定液或70%酒精中保存。

(4) 蟠龙介

蟠龙介可用铁铲铲取，但易被铲碎，可连同贝壳一并带回。将采回的蟠龙介放入盛有新鲜海水的容器中静养并观察。麻醉方法同“(3) 岩虫”部分所述。用70%酒精固定12 h，之后移入新配的70%酒精中保存。

(5) 澳洲鳞沙蚕

澳洲鳞沙蚕可用加淡水法麻醉，方法同“(3) 岩虫”部分所述。其不再缩动时，用70%酒精固定。24 h后，将其移入新配的70%酒精中保存。

(6) 索沙蚕

索沙蚕须用铁锹挖掘，较难采得完整个体。可用加淡水法麻醉，方法同“(3) 岩虫”部分所述。用70%酒精固定并保存。

(7) 日本刺沙蚕

用锹挖较费力，可用镊子夹取在滩面上的个体，也可到卖鱼饵料的小摊上选购。注意，要挑选完整的、尾末端两根刚毛齐全的个体。放置沙蚕的容器中不要放水，以免沙蚕相互缠绕折断。在容器底部放一块潮湿的布或者撒一层木屑，沙蚕就会静伏不动，减少断损。处理方法有2种。

其一：将沙蚕放在盛有少量海水的水盆里，用加淡水法麻醉，盆上须加盖。待其不再缩动时，加入10%福尔马林（福尔马林加入体积为盘内水体积的1/10）固定。12 h后，将其移入新的10%福尔马林固定液中保存。

其二：将沙蚕放在盛有少量海水的盆里，加少量硫酸镁海水饱和溶液，使它们排出体内的泥沙，以减少断损。用镊子将它们一条条理直。每隔1 h用吸管在每条的头部加2~3滴70%酒精。盆上加玻璃盖。开始虫体急剧地蠕动，不久即活动缓慢。一般滴加五六次，直至用玻璃棒或镊子触动其体而不收缩时止。用于解剖实验的材料，可用10%福尔马林固定液固定。24 h后，将沙蚕移入新配的10%福尔马林固定液中保存。用于调查分析的材料，须用70%酒精保存。

(8) 那波利巢沙蚕

那波利巢沙蚕须用特制的钢质锹采挖（钢质锹板长约25 cm，宽约12 cm）。用脚猛力踏着锹板，快速将锹微斜着插入滩内，这样能截断那波利巢沙蚕的退路，采得的概率较大。如若用一般的锹挖，速度较慢，那波利巢受外界声响等刺激后，会迅速地缩入管内，还可能从管末端开口下钻溜掉。用上述特制的锹可使其猝不及防，连管一起被挖出滩面。摊开挖出的沙块，轻轻地剥开其栖管，将虫体取出，放在装有海水的瓶中，带回室内处理。麻醉、固定、保存方法同“(7) 日本刺沙蚕”部分所述。

(9) 日本栉虫

日本栉虫用“柱状法”（参见方法篇“二、标本采集”部分）采挖，去掉沙管，用滴加70%酒精法处理，最后用70%酒精保存。

（10）温哥华真旋虫

温哥华真旋虫可用“柱状法”（参见方法篇“二、标本采集”部分）采挖。潮刚退而滩内海水尚未渗漏前，用手捏紧栖管上端，缓缓地、一鼓作气地将虫体连同栖管一起拽出滩面。

温哥华真旋虫的栖管坚韧难剥，剥时注意勿将虫体搞断。将剥出的虫体放在盛有海水的盆里，静养片刻。处理、固定、保存法同“（7）日本刺沙蚕”部分所述。

（11）磷虫

磷虫栖息的管呈U形，铁锈色。在磷虫生活的区域，滩面上有数个管口。要知哪两个管口连着同一根管子，只要用手捏紧一个管口向下按捺，看附近哪个管口向外冒水即可。用锨将管两侧泥沙挖去10余厘米，观察管子的走向，用“断面法”（参见方法篇“二、标本采集”部分）采挖。为了保证能挖到完好的虫体，最好能有一人双手提捏着两个管口，以免泥沙塌陷、管断虫逸。当挖到U形管底部时，要仔细地将管周围地泥沙除净，切勿将管捅破。将管完整地取至滩面，慢慢地剥开。将磷虫托在手掌，放在装有海水的瓶或桶里暂养。剥管时应注意，管中可能共生有纽虫、兰氏三强蟹和覆瓦哈鳞虫中的一种或两种。处理、固定、保存法同“（7）日本刺沙蚕”部分所述。

（12）异齿竹节虫

异齿竹节虫用锨依“断面法”（参见方法篇“二、标本采集”部分）采挖。采得的异齿竹节虫用手掌托着，勿用手提拽，以免抻断。将其放在装有海水的搪瓷盘内，于其体前端滴加5～6滴硫酸镁海水饱和溶液。1 h后，再滴加一次，并在水表面撒满固体薄荷脑，加盖麻醉4～6 h。碰触虫体，视其有无收缩现象。若虫体收缩，则延长麻醉时间。若虫体无收缩现象，则向盘内加福尔马林固定液固定（福尔马林加入体积为盘内水体积的1/10）。12 h后，移入新配的10%福尔马林固定液或70%酒精中保存。

（13）沙蠋

沙蠋可用“断面法”（参见方法篇“二、标本采集”部分）采挖。其能分泌无色半透明的黏液。采到后要多换几次海水，清除黏液。用撒固体薄荷法麻醉沙蠋4～6 h，之后用10%福尔马林固定液固定。12 h后，将其移入新的10%福尔马林固定液中保存。

7. 螠虫动物

螠虫动物可用“断面法”（参见方法篇“二、标本采集”部分）采挖，用硫酸镁海水饱和溶液麻醉。每隔1 h滴加6～8滴硫酸镁海水饱和溶液，一般需要加4～6次。其不再收缩时，用10%福尔马林固定液固定。24 h后将其移入10%福尔马林固定液中保存。

8. 星虫动物

星虫动物用“柱状法”（参见方法篇“二、标本采集”部分）采挖。将其带回室内，用新鲜海水静养片刻。每隔1 h滴加一次硫酸镁海水饱和溶液，加入体积约为原海水体积1/10，一般需要加4～6次。也可采用加淡水法进行麻醉。待其无收缩现象，即可进行固定。因星虫动物表皮厚且韧，药液较难渗透，故用注射器从其肛门注入2~3 mL 20%福尔马林固定液固定。注射时应缓慢，视其体伸长为止。用10%福尔马林液保存。

9. 软体动物

各种软体动物皆可用加淡水法麻醉，使其足或出入水管伸展自然，然后用10%福尔林固定液杀死、固定、保存。较大的个体如乌贼须先向其体内注入20%福尔马林固定液，固定其内脏尤其是其肝脏，防止腐坏。

（1）石鳖、嫁蝛、笠贝

采集石鳖时，要采用“快取法”，趁其不备，用手指或镊子用力将它推离礁石，否则即使将其壳搞碎也难以将其取下。

将采集到的石鳖、嫁蝛和笠贝放在盛有海水的解剖盘里暂养。待其平展后，在其上面盖一玻片并压以重物，直接用10%福尔马林固定液将杀死、固定。这样可获得自然、腹足平整的标本。也可以将采集到的石鳖、嫁蝛和笠贝放在新鲜海水里，待其恢复生活时状态后，或徐徐加入硫酸镁海水饱和溶液，或放些固体薄荷脑，或用滴管滴几滴酒精，将其麻醉，然后用5%福尔马林固定液或70%酒精固定24 h，最后将其保存于70%酒精中。

（2）鲍鱼

采集鲍鱼时应采用“快取法”，趁其不备，猛地将其推下或铲下，使它与礁石脱离，否则即便其壳破碎也难以将其取下。因其生活于潮下带，故须潜水采捕。但鲍鱼可人工养殖，故在市场上也可买到。鲍鱼可用加淡水法麻醉，用10%福尔马林固定液杀死、固定、保存。

（3）塔螺、蝾螺、滨螺、织纹螺

可于退潮后，在潮间带对应的底质中用镊子夹取或捡拾塔螺、蝾螺、滨螺、织纹螺。

（4）玉螺

玉螺可在沙滩上捡拾或用锹挖取。在市场上也可买到人工养殖的玉螺。

（5）脉红螺和疣荔枝螺

脉红螺须用底拖网拖采，在潮间带偶尔也可捡到。在市场上可买到人工养殖的脉红螺。疣荔枝螺可捡拾或用镊子夹取。

（6）后鳃类

后鳃类皆可用加淡水法麻醉，然后用10%福尔马林固定液固定、保存。

（7）菊花螺

采集菊花螺时，必须趁其不备，快速地将其推脱离石块或铲下，否则即便铲碎也难以将其取下。菊花螺用加淡水法麻醉后，用10%福尔马林固定液固定、保存。

(8) 蚶

褐蚶、布氏蚶用铲子或镊子采取。毛蚶、泥蚶、魁蚶可用铁锹挖掘。

(9) 扇贝

扇贝须潜水采集。市场上也可以买到人工养殖的栉孔扇贝、虾夷扇贝、海湾扇贝。

(10) 中国不等蛤

在低潮区岩礁或石块上发现中国不等蛤后可用铲子以“快取法”铲取。

(11) 牡蛎

生活于潮间带的牡蛎种类须用铲子铲取，其左壳容易破碎。生活于浅海的牡蛎种类如密鳞牡蛎，须以底拖网拖采，在市场上也可买到。

(12) 鸟蛤

鸟蛤须用底拖网拖采。

(13) 蛤蜊

蛤蜊须用铁锹挖取或去市场购买。

(14) 蛏类

蛏类可以挖取，或用加盐法、钓取法等采取。在市场上都可买到养殖的蛏类。

(15) 帘蛤

帘蛤须用铁锹挖，在市场上也可买到菲律宾蛤仔、镜蛤等。

(16) 海笋

须用铁镐将海笋连同风化岩一起刨下，再将其取出。海笋用加淡水法麻醉。

(17) 船蛆

须将船蛆连同被腐蚀的木材一起取回，再将其从木材中取出。

(18) 头足纲

头足纲种类是营水下游泳生活的，须用不同网具采捕，在市场上也可买到。

蛸类动物如果不经麻醉即固定，其在固定液中会因受到刺激而挣扎。其腕缩成一团，一经固定即不再伸直。如瓶口小，标本便不易取出。所以这类动物必须先麻醉而后固定保存。将采到的鲜活个体放在海水中，逐渐加入淡水或滴加福尔马林，使其活力逐渐减弱。待其活力较差时，将其取出，放在7%~10%的福尔马林固定液中。此时其尚未死去，还能活动收缩。稍停数分钟后，将其从固定液中取出，放在搪瓷盘内，将其腕调顺理直。数分钟后再将其放入固定液中。如其仍未死，其腕尚能缓慢收缩，则再将其取出，放在搪瓷盘内，理直其腕。如此反复几次，直至其死去。将其腕调顺理直后固定24 h，然后保存于5%福尔马林固定液中。

对于采回时已经死去的乌贼、枪乌贼和耳乌贼等，无须麻醉，但要将身上的墨汁、黏液和泥沙冲洗干净。固定之前检查触腕。如触腕缩入鞘内，则应把它拉出。固定时，将标本平放在深的搪瓷盘中，将腕理直，然后即可加入7%~10%福尔马林固定液。

10. 节肢动物

制作标本时，所用节肢动物形态必须完整，触须、附肢等无断缺。若在市场上购买，必须挑选新鲜个体。

节肢动物切忌单纯用福尔马林处理、保存，防止其几丁质外壳及附肢等受腐蚀。各种节肢动物标本的制作方法上基本相同，大致有以下2种。

其一：节肢动物可采用加淡水法麻醉。等其不再活动时，将其放在酒精-福尔马林混合液中杀死和固定12 h。之后将其放于新配制的酒精-福尔马林混合液中保存。节肢动物也可用70%酒精杀死、固定、保存，但是保存时间久了标本会褪色。

其二：无须麻醉，待其自然死亡后进行固定和保存。

因为节肢动物有外壳，所以药液向体内渗透较慢。对于较大的虾，还须向其头胸甲内注入固定液；对于较大的蟹，须从脐部向其体内注入固定液。节肢动物中较大种类，如梭子蟹、日本蟳等，可制成干制标本：先至少固定10 h，然后阴干。标本表面涂以清漆，这样既美观，又可防腐。

(1) 茗荷

茗荷在上坞的船底可大量采到。

(2) 藤壶

藤壶群居，营固着生活，可用小铲铲取。

(3) 蟹奴

蟹奴在渔民的网获物中常可发现。

(4) 麦秆虫

麦秆虫用镊子镊取即可。

(5) 虾

中国对虾、周氏新对虾、鹰爪糙对虾在水中营游泳生活，故须用网具采捕（周氏新对虾可用手握网，鹰爪糙对虾可用挂子网），在市场上也可大量买到。

鼓虾须用铁锨挖掘。葛氏长臂虾在定置网中常可发现。

个别较小的虾在潮退后会滞留于水洼中，如锯齿长臂虾。

(6) 寄居蟹

寄居蟹在沿海各地岩岸或滩面皆可采到，使用底拖网还可网获生活于较深水的大型寄居蟹。

(7) 蟹

关公蟹、豆形拳蟹在潮退后的滩面即可捡到。馒头蟹科物种可在潮退后的海滩采挖或捡拾。强壮紧握蟹可在潮退后的滩面捡到，在渔民网获物中也能见到。三疣梭子蟹在渔网中和市场上常可见到。扇蟹可用手直接捡拾或用镊子夹取。方蟹、沙蟹可于潮退后用手捕捉或用锨采挖。

还有几种豆蟹常寄生在双壳贝类中的贻贝、扇贝、密鳞牡蛎、文蛤、菲律宾蛤仔等壳内。

(8) 虾蛄

虾蛄可于潮退后的沙滩洞穴中采挖，也可于市场上购买。

11. 帚形动物

帚形动物连同其栖管一并采回。帚形动物可用加淡水法或用薄荷脑麻醉4~6 h，待其触手伸展且不再缩动时，用70%酒精杀死、固定。12 h后，将其移入新的70%酒精中保存。

12. 腕足动物

(1) 海豆芽

海豆芽穴洞垂直，用锹易于挖到。带有柄，且柄末端附着泥块的个体才算完整。将采得的海豆芽放入解剖盘内，加入海水并将其柄理直，然后用加淡水法处理，用10%福尔马林固定液杀死、固定并保存。

(2) 酸浆贝

酸浆贝须请潜水员潜水采取，用底拖网偶尔可拖采到。酸浆贝可直接用10%福尔马林固定液杀死、固定、保存。

13. 苔藓动物

(1) 孔苔虫

采集孔苔虫时须用小铁铲自其基部轻轻地铲取。离水不久虫体大批死亡，体色由橘红色很快变成灰白色。

将孔苔虫放于10%福尔马林固定液中固定3~5 h。之后取出阴干（浸泡过久会粥化），做成干制标本。

(2) 草苔虫

草苔虫可用手捞网刮取，与前面刺胞动物的水螅的采集、处理方法相同。

14. 棘皮动物

这一门类中5个纲的动物，均忌单纯用福尔马林保存，防止棘刺、骨片受腐蚀而脱落或粥化。可用酒精-福尔马林混合液或酒精保存。

(1) 海燕

海燕活动缓慢，可直接捡取，放采集桶里，加入海水暂养。

将腕足恢复自然伸展的海燕，一只只摆放在解剖盘里。加入50%福尔马林固定液，之后最好盖一木板并压以重物，使海燕不致弯曲。通常固定时间为4~6 h。之后取出阴干。这样可保持其原有色泽不变。

海燕可用酒精或酒精–福尔马林混合液保存，但若保存时间稍久，其体色会变成灰色。

（2）海盘车

海盘车可于潮退后在低潮线附近捡拾到，也可用底拖网大量拖采，还可以下笸线（一种钓取底栖鱼类的网具）钓取。

海盘车的处理方法有如下2种。

其一：将采得的海盘车放海水里静养片刻，使其恢复自然，用处理海燕的方法进行处理，制作成保有原色的干制标本。

其二：用于解剖实验的材料，要选个体较大的。先自其腹面口盘中间注入3～5 mL 50%福尔马林固定液（注意针头莫穿透其体壁），将其内部组织固定，然后用10%福尔马林固定液（保存时间不宜过久，否则其腕足会断落）或酒精–福尔马林混合液固定保存。

（3）海胆

切勿用手直接拿取海胆。海胆棘刺细小，尖部易断。手指被海胆棘刺刺中，棘刺尖部会留在手指中，痛痒难忍。可用镊子夹取海胆，或戴线手套拿取。海胆可用70%酒精杀死、固定。固定时间一般为12 h。之后将海胆置于新配制的70%酒精中保存。

（4）滩栖阳遂足

滩栖阳遂足5条腕细长且脆，极易断。用铁锨从其排泄物侧面垂直下挖。发现滩栖阳遂足后，先用镊子将周围泥沙清除，再将其轻轻地、完整地取出。

若将其放在瓶子里带回，其腕相互缠绕，往往出现断损。所以，滩栖阳遂足须在采集现场处理。处理方法如下。事先准备一批口径2 cm、长40 cm的玻璃管。玻璃管一端用软木塞塞紧，管内加入10%福尔马林固定液。将采得的、完整的滩栖阳遂足的5条腕向一个方向理直，用镊子夹住其体盘，将其送入管中（一根管子只能放一条），固定3～4 h。之后将其取出，放入酒精–福尔马林混合液中保存。用这种方法可获得完整的滩栖阳遂足标本，但所获标本的5条腕伸向同一方向，不是自然生活中的状态。在人们的想象中，自然状态下的滩栖阳遂足5条腕呈辐射状伸展，而实际则不然。我们观察发现：多数情况下，滩栖阳遂足的2条腕并在一起，伸向同一方向；而另3条腕并在一起，伸向相对的方向。

（5）蛇尾

潮退后，在低潮区翻动大石块很容易发现蛇尾。可用镊子夹住其体盘，立即放入装有70%酒精的广口瓶中杀死、固定。在现场处理获得完整标本的概率高。回到室内后，再将其放入新配制的70%酒精中保存。

（6）仿刺参

仿刺参体内有内脏和水分，触摸起来鼓而软。有些仿刺参受到刺激或损伤，内脏被吐掉，体内水分流失，摸起来瘪而硬，不宜用来制作标本。

仿刺参的处理方法有以下2种。

其一：采用速冻法麻醉省时且效果极佳，但要具备一套低温冷冻设备。将采回的仿刺参放在长50 cm、宽25 cm、高20 cm的长方形铁质或塑料容器中，往容器中加入3/4体积的海水，使海参恢复自然生活状态。将容器放在−20℃～−15℃条件下恒温冷冻4 h左右。此时其体及触手都已伸展自然，且处于半死状态。从冷冻机中取出容器，破除冰，手戴乳胶手套，捏住海参体前端（触手冠），将其平着放入冰醋酸中浸泡30 s，快速地将其触手固定。用注射器自其泄殖孔向其体内注入8～10 mL酒精–福尔马林混合液，固定12～24 h。之后将仿刺参移入新的酒精–福尔马林混合液中保存。

其二：用酒精–薄荷脑麻醉液、硫酸镁海水饱和溶液处理，方法与海葵的处理方法相同。注意也应从其肛门注入酒精–福尔马林混合液，将其杀死、固定。

用于分类研究的标本，为使其骨片完整而不被腐蚀，切忌使用冰醋酸、福尔马林液固定保存，而应使用70%酒精固定和保存。

（7）棘刺锚参和钮细锚参

棘刺锚参和钮细锚参可用铁锨挖取。冲洗掉附着的泥沙，将其放在海水里静养片刻。

用撒加固体薄荷脑法加盖麻醉2～4 h，之后用70%酒精固定12 h，最后放于新的70%酒精中保存。

（8）海地瓜

挖掘海地瓜较困难。泥滩软且黏，在其中行走困难，必须重心向前，用脚尖走，脚跟勿落地，且不能停留过久，否则会下陷而不能自拔（有时把胶靴粘在滩内）。小型底拖网可以拖采到海地瓜。

将海地瓜放于海水里静养，使其恢复自然生活状态，之后用加淡水法麻醉处理，用70%酒精固定、保存。

（9）海棒槌

海棒槌用加薄荷脑法麻醉好后，须向其体内注入20%福尔马林固定液杀死、固定，然后用70%酒精保存。

（10）海羊齿

海羊齿的处理法与蛇尾相同，现场直接固定获得完整标本的概率才高。

15. 半索动物

三崎柱头虫为国家二级重点保护野生动物，黄岛长吻虫为国家一级重点保护野生动物。

在1956年以前，世界上没有人采到过三崎柱头虫和黄岛长吻虫完整的个体。1956年春，依靠青岛当地群众参与，科研人员总结出水浇法，终于获得了成功，挖到了完整的三崎柱头虫虫体。三崎柱头虫穴居于松、细的黄色沙滩或较黏、硬的黑褐色泥沙滩中，穴口呈漏斗状。穴道呈与地面平行的曲线型而非垂直，穴底距沙滩表面8～40 cm。

洞口常有一层稀泥或积水。发现三崎柱头虫穴口后，先将表层泥沙铲去一层，见到其洞穴，用水浇法挖采。

清除采得的三崎柱头虫排出的黏液最为关键。尤其在夏季，要由专人负责，容器里的海水要多换几次。将清除干净黏液的三崎柱头虫放在装有海水的解剖盘里，在其头襟部撒加固体硫酸镁少许，使其将体内的沙子排出。换新鲜海水静养片刻，然后用撒加固体薄荷脑法加盖麻醉4～6 h。之后揭开盖子，用镊子触拨虫体，看其有无收缩现象。若无收缩现象，用吸管吸40%福尔马林固定液自其头部直到尾部慢慢滴淋（固定液体积约为盘内水量的1/10），将其杀死并固定。12 h后，将其移入新配制的酒精–福尔马林混合固定液中保存。长久保存时固定液中可加少量甘油。

16. 海鞘

海鞘可用手捞网刮取。也可以乘船靠近，用小铲铲取。

海鞘用撒加薄荷脑法麻醉2～4 h，之后用10%福尔马林固定液杀死、固定、保存。

17. 文昌鱼

文昌鱼为国家二级重点保护野生动物。

须乘船出海，用齿耙型底栖生物网拖采文昌鱼。将拖网所获连同沙砾一并倒出。用手翻动沙砾，可见到一条条文昌鱼跃起。此时须赶紧用大镊子将其夹住，放入盛有海水的广口瓶。也可将获得的沙砾倒入筛子中，用水将沙砾冲掉，文昌鱼便留在筛子里了。

文昌鱼可直接用10%福尔马林固定液杀死、固定。12 h后，将文昌鱼移入新的10%福尔马林固定液中保存。用来制作玻片的文昌鱼则须用波恩氏液杀死、固定。12 h后，文昌鱼用70%酒精清洗，再放在新配制的70%酒精中保存。

参考文献

戴爱云. 中国动物志：节肢动物门：甲壳动物亚门：软甲纲：十足目：束腹蟹科 溪蟹科［M］. 北京：科学出版社，1999.

堵南山. 甲壳动物学（上、下册）［M］. 北京：科学出版社，1993.

冯士筰，李凤歧，李少菁. 海洋科学导论［M］. 北京：高等教育出版社，1999.

李福新，王统岗，张延明. 柱头虫标本的采集和处理［J］. 生物学通报，1958（06）：55-57.

李琪，孔令峰，郑小东. 中国近海软体动物图志［M］. 北京：科学出版社，2019.

李新正，刘瑞玉，梁象秋. 中国动物志：无脊椎动物：第四十四卷：甲壳动物亚门：十足目：长臂虾总科［M］. 北京：科学出版社，2007.

李新正，王洪法. 胶州湾大型底栖生物鉴定图谱［M］. 北京：科学出版社，2016.

刘瑞玉. 中国海洋生物名录［M］. 北京：科学出版社，2008.

刘瑞玉，王绍武. 中国动物志：节肢动物门：甲壳动物亚门：糠虾目［M］. 北京：科学出版社，2000.

刘文亮. 中国海域螯虾类和海蛄虾类分类及地理分布特点［D］. 青岛：中国科学院海洋研究所，2010.

刘锡兴. 苔藓动物形态概述［J］. 海洋科学，1978（02）：17-23.

马绣同. 海滨动物的采集和处理［M］. 北京：科学出版社，1957.

马绣同. 我国的海产贝类及其采集［M］. 北京：海洋出版社，1982.

齐钟彦，马绣同. 黄渤海的软体动物［M］. 北京：农业出版社，1989.

任先秋. 中国动物志：无脊椎动物　第四十一卷：甲壳动物亚门：端足目：钩虾亚目（一）［M］. 科学出版社，2006.

王复振，蔡如星. 黄海及南海的外肛动物（苔藓虫）［J］. 海洋通报，1982（03）：54-59.

王统岗，李福新，李玉桂，等. 海产无脊椎动物标本的采制方法［J］. 生物学通报，1955（09）：55-58.

王晓安，孙虎山. 烟台海滨习见无脊椎动物原色图谱［M］. 北京：科学出版社，2011.

WoRMS Editorial Board. World Register of Marine Species［EB/OL］.［2022-10-31］https：//www.marinespecies.org.

杨德渐. 海洋无脊椎动物学［M］. 青岛：青岛海洋大学出版社，1999.

杨德渐，孙瑞平. 中国近海多毛环节动物［M］. 北京：农业出版社，1988.

杨德渐，王永良. 中国北部海洋无脊椎动物［M］. 北京：高等教育出版社，1996.

杨思谅，陈惠莲，戴爱云. 中国动物志：无脊椎动物　第四十九卷：甲壳动物亚门：十足目　梭子蟹科［M］. 北京：科学出版社，2012.

张玺，张凤瀛，吴宝铃，等. 中国经济动物志：环节（多毛纲）、棘皮、原索动物［M］. 北京：科学出版社，1963.

中国科学院中国动物志委员会. 中国动物志：无脊椎动物　第三十三卷：环节动物门：多毛纲：Ⅰ. 叶须虫目［M］. 北京：科学出版社，2016.

中国科学院中国动物志委员会. 中国动物志：无脊椎动物　第三十三卷：环节动物门：多毛纲（二）：沙蚕目［M］. 北京：科学出版社，2016.

中国科学院中国动物志委员会. 中国动物志：无脊椎动物　第五十四卷：环节动物门：多毛纲（三）：缨鳃虫目［M］. 北京：科学出版社，2014.

中华人民共和国国家质量监督检验检疫总局，中国国家标准化管理委员会. 海洋调查规范　第6部分：海洋生物调查：GB/T 12763.6—2007［S/OL］.（2007-08-13）［2016-03-18］. https://max.book118.com/html/2016/0310/37318199.shtm.

曾晓起，刘梦坛. 100种青岛人身边的海洋生物［M］. 青岛：青岛出版社，2017.

张素萍，张均龙，陈志云，等. 黄渤海软体动物图志［M］. 北京：科学出版社，2016.